烘焙快乐厨房

人气面包在家做

黎国雄◎主编

黑龙江科学技术出版社
HEILONGJIANG SCIENCE AND TECHNOLOGY PRESS

图书在版编目（CIP）数据

人气面包在家做 / 黎国雄主编. -- 哈尔滨 : 黑龙江科学技术出版社, 2018.1
（烘焙快乐厨房）
ISBN 978-7-5388-9406-6

Ⅰ. ①人… Ⅱ. ①黎… Ⅲ. ①面包－制作 Ⅳ. ①TS213.2

中国版本图书馆CIP数据核字(2017)第273188号

人 气 面 包 在 家 做

RENQI MIANBAO ZAIJIA ZUO

主　　编　黎国雄
责任编辑　马远洋
摄影摄像　深圳市金版文化发展股份有限公司
策划编辑　深圳市金版文化发展股份有限公司
封面设计　深圳市金版文化发展股份有限公司
出　　版　黑龙江科学技术出版社
　　　　　地址：哈尔滨市南岗区公安街70-2号　邮编：150007
　　　　　电话：（0451）53642106　传真：（0451）53642143
　　　　　网址：www.lkcbs.cn
发　　行　全国新华书店
印　　刷　深圳市雅佳图印刷有限公司
开　　本　685 mm×920 mm　1/16
印　　张　13
字　　数　120千字
版　　次　2018年1月第1版
印　　次　2018年1月第1次印刷
书　　号　ISBN 978-7-5388-9406-6
定　　价　39.80元

烘焙的流行像一阵风一样刮遍全球，越来越多的人已经不单单满足于面包店里现成的美味，而是想亲手做出美味的面包给自己和家人品尝。

面包出炉，闻着满屋的飘香，看到亲朋好友品尝过后赞叹的笑容，无比满足又幸福的甜美感觉便会在心里蔓延。为了将亲手做烘焙的幸福带给更多的人，我们特地编排了这本《人气面包在家做》。

本书向读者初步展示了面包的世界，包括基本的烘焙工具、常用的烘焙原料等，还介绍了100余款面包的制作，涵盖了基础面包、吐司面包、调理面包、花式面包、丹麦面包、预拌粉面包六大类面包，每款面包都有详细的制作步骤，图文并茂，让初学者也能轻易学会。二维码的加入，将面包的制作与动态视频紧密结合，细致分解每一种面包的制作方法，让大师手把手教您做面包，大大提高烘焙的成功率，既是初学者入门的宝典，也是专业人士学习更多面包制作技艺的宝典。

如果您享受亲手做烘焙的过程，如果您想通过亲手做面包将爱意传达给家人，那就从这本书开始，走上幸福的烘焙之路吧！用自己一双巧手，对着本书边学边做，或干脆拿起手机扫扫二维码，跟着视频来制作。您会发现，原来烘焙也可以这么简单！

Contents
目录

Part 1 面包制作的基础知识

Part 2 基础面包篇

Part 3 吐司面包篇

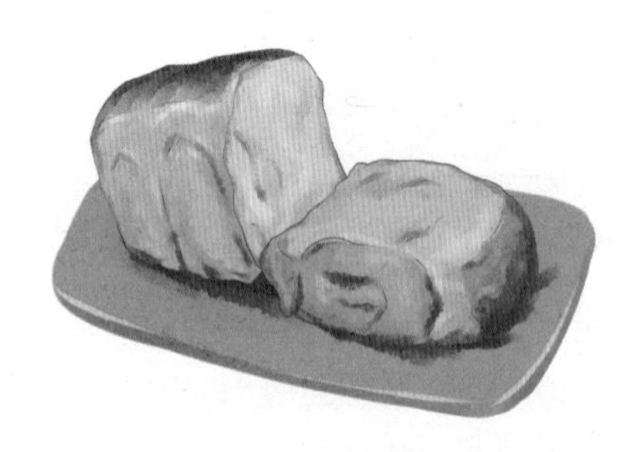

Part 4 丹麦面包篇

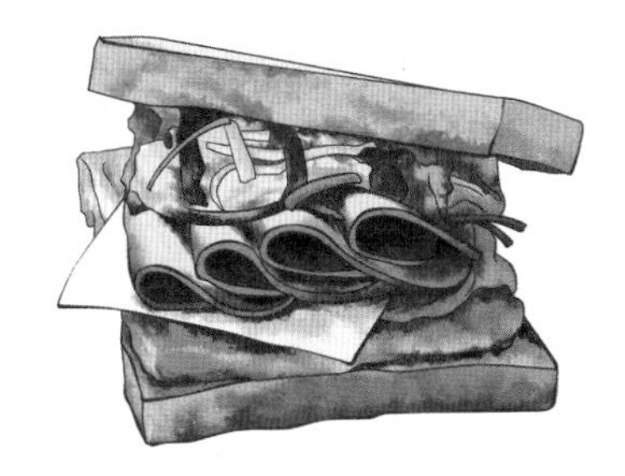

Part 5 调理面包篇

Part 6 花式面包篇

Part 7 预拌粉面包篇

面包制作的基础知识

面包是我们日常生活中经常接触的食品，对于喜欢自己在家做面包的人来说，如何将面包做得尽善尽美、有滋有味是一直所追求的。就算你从没做过面包，也没关系！本章介绍最基础的面包知识，手把手教你制作面包，让你享受制作面包的乐趣，拥有加倍的美味和健康！

面包制作基本原料

拿到这本书，是不是迫不及待地准备做面包了呢？别急，我们先来认识一下制作面包所需要的一些基本原料，它们是制作面包的基础，缺少它们可不行哦。

01 高筋面粉

高筋面粉是指蛋白质含量在12.5%～13.5%的面粉。高筋面粉颜色偏黄，颗粒较粗，手抓不易成团状，筋度强，常用来制作具有弹性与嚼感的面包、面条等。高筋面粉制作的面包烤后颜色比较深且有光泽，口感也比较柔软。

02 低筋面粉

低筋面粉简称低粉，它的蛋白质含量在8.5%左右，色泽偏白，颗粒较细，容易结块。因为其筋度较弱，常用于制作口感柔软、组织酥软的蛋糕、饼干等。选用低粉做出来的海绵蛋糕，十分松软可口。

03 全麦面粉

全麦面粉是指小麦粉中包含其外层麸皮的面粉，其内胚乳和麸皮的比例与小麦成分相同。比起普通面粉，全麦面粉会散发出自身独特的麦香，且具备更高的营养价值，但口感较为粗糙，常用来制作全麦面包和小西饼等。

04 酵母

酵母是制作面包不可少的一种原料，在面团中发酵会产生大量二氧化碳，能够使面团松软多孔，体积变大。同时，酵母发酵产生酒、酸、酯等物质，会形成特殊的香味。

05 糖粉

糖粉即糖的粉状物。一般糖粉内均会加入约 3% 的淀粉防止结块，其外形是洁白的粉末状，颗粒细小，含有微量玉米粉，可直接过筛后撒在西点成品上做表面装饰。

06 细砂糖

细砂糖是烘焙中常用到的糖。细砂糖颗粒小，更易融入面团或面糊里，并能吸附较多的油脂，还能令烘焙成品更加细腻光滑。

07 蜂蜜

蜂蜜是一种含果糖及葡萄糖等成分的天然糖浆。作为芳香而甜美的天然食品，蜂蜜常用于蛋糕、面包的制作，除可增加成品的风味外，还能起到很好的保湿作用。

08 黄油

黄油又叫乳脂、白脱油，是将牛奶中的稀奶油和脱脂乳分离后，使稀奶油成熟并经搅拌而成的。黄油有很好的乳化性，可以锁住面团中的水分，使成品面包更膨松。

09 片状酥油

片状酥油是一种浓缩的淡味奶酪，由水乳制成，色泽微黄，在制作时要先刨成丝，经高温烘烤就会化开。可以用于制作起酥面包。

10 奶制品

面包制作中常用的奶制品有奶粉、鲜牛奶和炼乳。奶粉可增加蛋糕、面包、饼干的风味；用鲜牛奶代替水和面，可使面团更加松软香甜；炼乳可以让面包味道更浓郁。

11 鸡蛋

鸡蛋营养丰富，是面包制作的常用原料之一。面包中加入鸡蛋既能增加营养，还能增添面包的风味。利用鸡蛋中的水分参与构建面包的组织，可令面包更柔软、美味。

12 吉士粉

吉士粉是一种混合型的辅助材料，呈淡黄色粉末状，具有浓郁的奶香味和果香味，主要作用是增香、增色、增松脆，并使制品定性，增强黏滑性。

13 芝士粉

芝士粉是由天然芝士经过粉碎工艺制造而成。芝士粉为黄色粉末状，带有浓烈的奶香味，大多用来制作面包以及饼干等，有增加风味的作用。

14 核桃仁

核桃仁营养价值极高，它的口感略甜，带有浓郁的香气，是巧克力点心的最佳伴侣。烘烤前先用低温烤 5 分钟溢出香气，再加入面团中会更加美味。

面包制作基本工具

面包制作不仅需要基本原料，还需要有一些基本工具，缺少了它们面包也难以完成。选择正确的工具能让你制作面包时事半功倍。

01 面包机

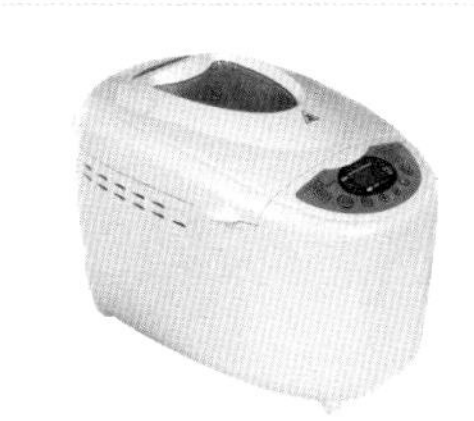

面包机，是能够根据设置的程序，在放入配料后自动和面、发酵、烘烤成各种面包的机器。具有手工模式功能的面包机还能够制作各种形状的花式面包，非常适合专业的面包制作高手。

02 烤箱

本书中面包制作所使用的烤箱均为家用电烤箱。家用电烤箱可以完成饼干、面包、蛋糕等食物的烤制工作。从实用的角度，选择一台基本功能齐全的家用型烤箱，就可以满足家庭烘焙的基本需求。

03 手动搅拌器

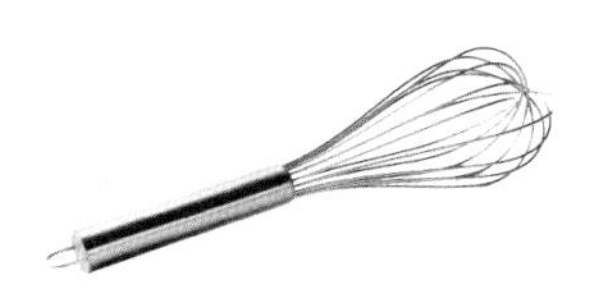

搅拌器是制作西点时必不可少的烘焙工具之一，可以用于打发蛋白、黄油等，制作一些简易小蛋糕，但使用时费时费力。此外，搅拌器打发蛋白、黄油需要一定的技巧，对于初学者而言成功率较低。

04 电动搅拌器

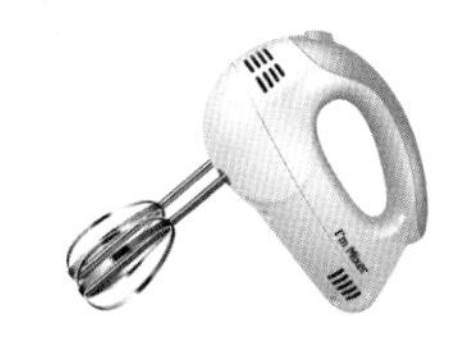

电动搅拌器包含一个电机身，配有打蛋头和搅面棒两种搅拌头。电动搅拌器比手动搅拌器更省力、省时，使搅拌工作更加快速，材料搅拌得更加均匀。

05 电子秤

电子秤，在西点制作中用来称量各种粉类、细砂糖等需要准确计量的材料。电子秤能够精确到 0.1 克，以保证原料的准确配比，这是面包制作成功的重要保障。

06 面粉筛

面粉筛是用来过滤面粉的烘焙工具，面粉筛底部都是漏网状的，一般做蛋糕或饼类时会用到。用面粉筛筛选过后的面粉制作出来的面包或蛋糕，口感更细腻。

07 刮板

刮板又称面铲板，是一块接近方形的板，常见的是塑料材质的。它是制作面团后刮净盆子或面板上剩余面团的工具，也可以用来切割面团及修整面团的四边。

08 量杯

量杯的杯壁上一般都有容量标示，可以用来量取材料，如水、奶油等。但要注意读数时的刻度，量取时还要恰当地选择适合的量程。

09 量匙

量匙通常有塑料或者不锈钢等材料的，形状有圆状或椭圆状带有小柄的一种浅勺，主要用来量取少量液体或者细碎的物体。

10 烘焙纸

烘焙纸是一种耐高温的纸，主要用于烤箱内烘烤食物时垫在底部，能够防止食物粘在模具上导致的清洗困难，还能保证食品干净卫生，在制作饼干时尤为适用。

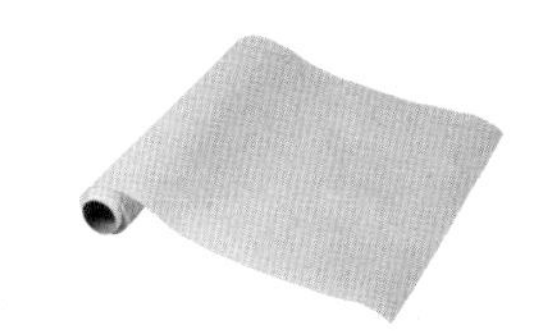

11 毛刷

毛刷主要用来在面包表皮刷一层油脂、蛋液或糖浆。毛刷尺寸较多，材料有尼龙或动物毛，其软硬粗细各不相同。如果用来涂抹全蛋液，使用柔软的羊毛刷比较合适。

12 擀面杖

擀面杖，一种用来压制面条、面皮的工具，一般用长而大的擀面杖擀面条，用短而小的擀面杖擀饺子皮。烤饼干或做面包卷时最好选择木质结实、表面光滑的擀面杖。

13 面包切割刀

面包切割刀的形状如同普通的厨具小刀，但是刀面带有整齐的齿锯。这些齿锯令面包刀更为锋利，在切面包时，能够切出十分平滑的横截面。

14 电子计时器

电子计时器与传统的机械钟相比，它具有走时准确、显示直观等优点，因而被广泛应用。厨房计时器用于烘焙计时等，避免时间不够，或超时。

轻松学和面

面包机和面

▶ 原料

高筋面粉 250 克，酵母 5 克，细砂糖 50 克，鸡蛋 40 克，奶粉 10 克，黄油 35 克

▶ 做法

1. 将高筋面粉、100 毫升清水、奶粉、细砂糖倒入面包机，再倒入备好的鸡蛋、黄油。

2. 盖上机头，揭开机头上的小盖子，倒入备好的酵母，盖上小盖子，选择“和面”功能。

3. 按“预约”，时间调至 5 分钟。

4. 选定“开始”，运作机器，待 5 分钟后机器停止工作，将搅好的面团取出即可。

厨师机和面

▶ 原料

高筋面粉 250 克，酵母 5 克，细砂糖 50 克，鸡蛋 40 克，奶粉 10 克，黄油 35 克

▶ 做法

1. 先将厨师机的机头掀起。

2. 加入高筋面粉、奶粉、酵母。

3. 倒入 100 毫升清水、细砂糖、鸡蛋。

4. 机器调中速，开启开关，开始搅拌，使其均匀混合，搅拌成团后，关掉机器，加入黄油。

5. 再次启动机器，开始搅拌使其均匀，最后关闭即可。

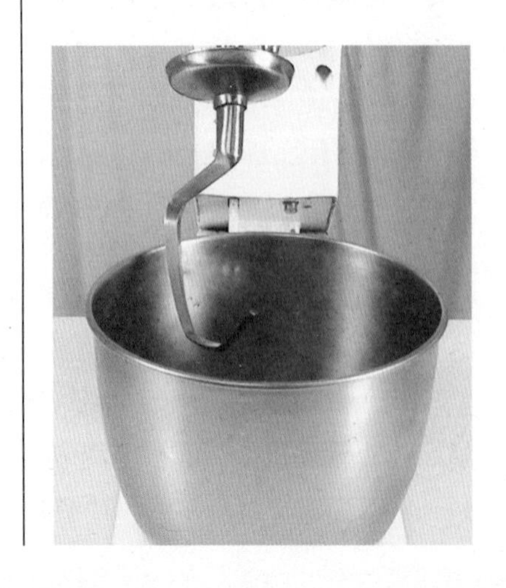

手工和面

▶ 原料

高筋面粉 250 克

细砂糖 50 克

酵母 5 克

鸡蛋 40 克

奶粉 10 克

黄油 35 克

▶ 做法

1. 将高筋面粉倒在案台上，用刮板刮开一个窝。

2. 在面窝中倒入 100 毫升清水，加入奶粉、鸡蛋、细砂糖、酵母。

3. 将四周的面粉用刮板向中间刮拢，并搅拌均匀。

4. 一边翻搅，一边用手按压、揉搓材料，使之均匀。

5. 在面团中加入备好的黄油。

6. 一边翻搅，一边揉捏，至面团均匀光滑，有弹性即可。

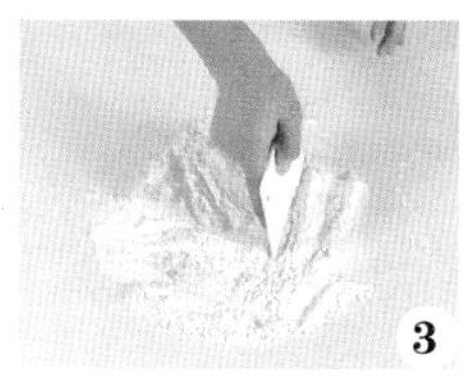

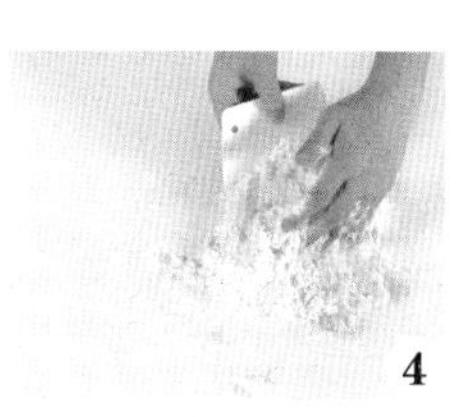

中种、汤种面团及天然酵母的制作

中种面包

▶ 原料

中种部分：高筋面粉175克，酵母2.5克

主面团部分：高筋面粉25克，低筋面粉50克，细砂糖40克，盐3克，蛋液25克，奶粉10克，白奶油25克

▶ 做法

1. 案台上倒175克高筋面粉，加入酵母，开窝，倒入105毫升清水和面粉混合揉至中种制成，装碗，常温发酵约1小时。

2. 案台上倒入高筋面粉、低筋面粉、奶粉，开窝，加入细砂糖、盐、25毫升清水、蛋液搅匀。

3. 刮入面粉，混合均匀后揉匀。

4. 放入发酵好的中种，搓揉至成面团。

5. 加入白奶油充分搓揉均匀。

6. 稍稍揉圆至成纯滑面团即可。

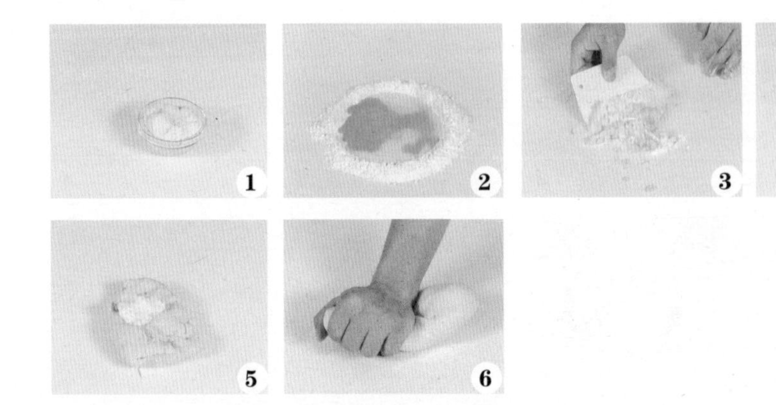

汤种面包

▶ 原料

汤种部分： 高筋面粉 20 克

主面团部分： 高筋面粉 280 克，低筋面粉 50 克，细砂糖 40 克，盐 3 克，奶粉 10 克，蛋液 25 克，白奶油 25 克，酵母 3 克

▶ 做法

1. 案台上倒入 20 克高筋面粉，开窝，加入 20 毫升清水。
2. 将面粉与水混合均匀，并揉搓均匀，至汤种制成。
3. 将做好的汤种装入碗中，放入冰箱中冷冻约 1 小时至定型。
4. 案台上倒入高筋面粉，加入低筋面粉。
5. 放入奶粉、酵母，用刮板开窝。
6. 倒入细砂糖、盐、116 毫升清水，搅拌，使材料混合均匀。
7. 加入蛋液，混匀，再刮入面粉，拌匀。
8. 将混合物揉制均匀，加入白奶油，搓揉均匀，至成面团，加入汤种，混合揉匀，至成纯滑面团即可。

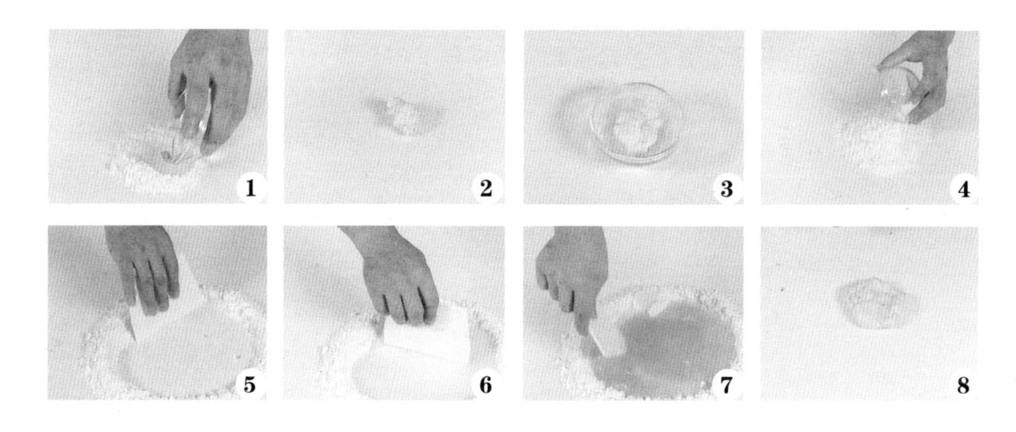

天然酵母

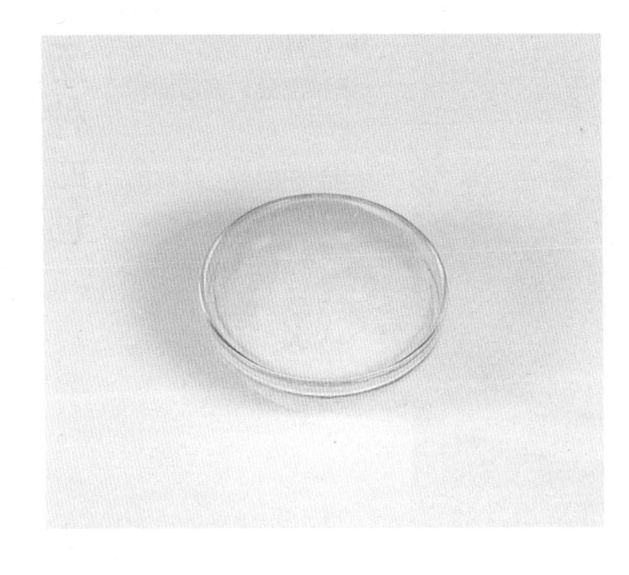

▶ 原料

第 1 份： 高筋面粉 50 克，水 70 毫升

第 2 份： 高筋面粉 50 克，水 50 毫升

第 3 份： 高筋面粉 50 克，水 50 毫升

第 4 份： 高筋面粉 100 克，水 170 毫升

▶ 工具

刮板，保鲜膜，玻璃碗

▶ 做法

1. 将第 1 份原料中的高筋面粉倒在案台上，用刮板开窝，倒入第 1 份原料中的清水，混合均匀，揉成面糊 A，装在玻璃碗中，静置 24 小时。

2. 将第 2 份原料中的高筋面粉，倒在案台上，用刮板开窝，倒入第 2 份原料中的清水，混合均匀，揉成面糊 B，取一半面糊 A 加入面糊 B 中，混合均匀，揉搓制成面糊 C，装入玻璃碗中，静置 24 小时。

3. 将第 3 份原料中的高筋面粉，倒在案台上，用刮板开窝，倒入第 3 份原料中的清水，混合均匀，揉成面糊 D，取一半面糊 C 加入面糊 D 中，混合均匀，揉搓制成面糊 E，装入玻璃碗中，静置 24 小时。

4. 将第 4 份原料中的高筋面粉，倒在案台上，用刮板开窝，加入第 4 份原料中的清水，混合均匀，揉成面糊 F，取一半面糊 E 加入面糊 F 中，混合均匀，装入玻璃碗中，用保鲜膜封好，静置 10 小时后去掉保鲜膜，即成天然酵母。

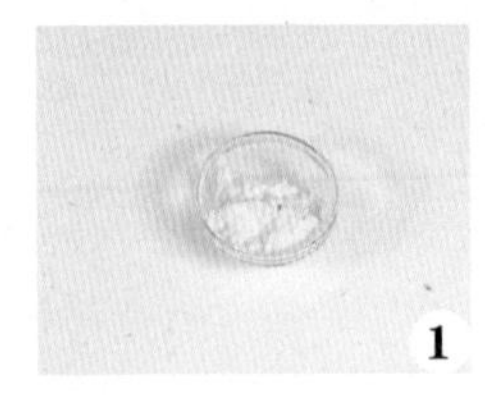
1

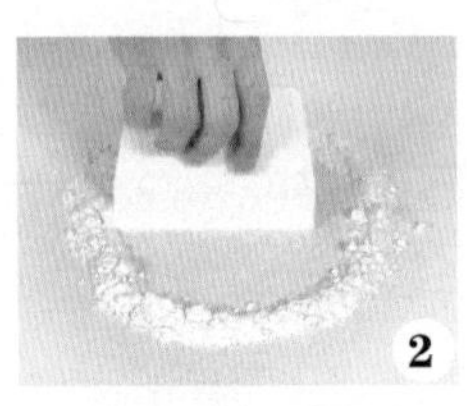
2

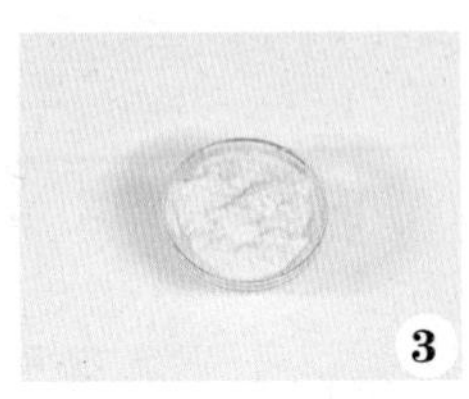
3

4

常用酱料，赋予面包百味

巧克力酱

▶ **原料**

巧克力 120 克，奶油 55 克，白砂糖 30 克，白兰地 20 毫升，牛奶 100 毫升

▶ **工具**

搅拌器，奶锅

▶ **做法**

1. 奶锅中倒入奶油、白兰地。

2. 加入白砂糖，用搅拌器稍稍搅拌。

3. 倒入牛奶，用小火煮至材料溶化。

4. 放入巧克力，搅拌至溶化即可。

卡仕达酱

▶ **原料**

蛋黄 30 克，细砂糖 30 克，水 150 毫升，低筋面粉 15 克

▶ **工具**

电动搅拌器，搅拌器，奶锅

▶ **做法**

1. 蛋黄、细砂糖倒入碗中，用电动搅拌器打发均匀，加入低筋面粉，拌匀成细滑浆料。

2. 奶锅中注入清水烧开，将一半调好的浆料倒入锅中，用搅拌器拌匀。

3. 关火后将另一半浆料倒入，再开小火搅拌至呈浓稠状，将煮好的酱料装碗即可。

面包的制作原理

搅拌

为避免面粉里面有杂质或粗糙物质，首先应将面粉过筛，然后充分混合面粉、水及所有原料，使面粉等原料得到完全的水化作用，使其均匀分布。通过不断地揉搓面团，可以加速面筋的形成，成为一个质地完全均匀的面筋。最后再扩展，使面团成为既有一定的弹性又有一定的延伸性的面团，有利于面团膨胀，可以使烤出来的面包有更佳的口感。

发酵

发酵是继搅拌后面包制作过程中的第二个重要环节，面团发酵的好与否，直接对烤制出来的面包成品的口感有极为重要的影响。面团的发酵是个复杂的系列化反应过程，其中温度、湿度、食料（即酵母营养物质）等因素对整个发酵过程影响比较大。

面团在发酵期间，酵母吸取面团的糖，释放出二氧化碳气体，使面团膨胀，其体积增大为原来的 5 倍左右，形成疏松、似海绵状的性质。

整形

面团的整形制作，是为了把已经发酵好的面团通过称量分割和整形使其变成符合成品的形状初形。

面团完成发酵后可以进行面团分割，分割是通过电子秤把大面团分切成所需分割重量的小面团。把大面团搓成（或切成）适当大小的块状，再按重量分切成小面团。

醒发

醒发是面包进炉烘烤前最后一个阶段，也是影响面包品质的一个关键环节。醒发使面包重新产气、膨松，以得到制成品所需的形状，并使面包成品有较好的食用品质。

面团经过整形操作后尤其是经压薄、卷折、压紧后，面团内的气体大部分已被赶出，面筋也失去原有的柔软性而显得硬、脆，若此时立即进炉烘烤，面包成品必然是体积小、内部组织粗糙、颗粒紧密，且顶部会形成一层壳。所以，要做出体积大、组织好的面包，必须使整形后的面团进行醒发，重新产生气体，使面筋柔软，得到大小适当的体积。

烘烤

烘烤是面包制作的最后一道工序，也是最为关键的一个阶段。在烤箱的热能的作用下，生的面包坯从不能食用变成了松软、多孔、易于消化和味道芳香的可食用的诱人食品。

整个烘烤过程，包括了很多的复杂反应。在这个过程中，直至醒发时间仍在不断进行的生物活动被制止，微生物及酶被破坏，不稳定的胶体变成凝固物，淀粉、蛋白质的性质也由于高温而发生凝固变性。与此同时，焦糖、焦糊精、类黑素及其他使面包产生特有香味的化合物如羰基化合物等物质生成。所以，面包的烘烤是综合了物理、生物、化学、微生物等反应的变化结果。

面包制作常见问题

01

揉面之前的注意事项

酵母要用温水或牛奶先溶化开，让酵母先活化 15 分钟左右。烘焙用的即发型干酵母一般都会密封保存在冰箱里面，酵母在 4℃以下时开始进入休眠状态，所以使用时要先用温水提前溶化，就仿佛是吹响了“起床号”一样。

揉面时要注意水或牛奶的温度，从冰箱里面直接拿出来的牛奶要等回温后再使用，这也是为了给酵母一个的良好的生长环境。冬天用温水揉面，夏天则可以适量用凉水揉面，因为揉面时面团温度会不断上升，过高的面团温度会抑制酵母的生长，从而导致杂菌的繁殖。

02

影响面团发酵有哪些因素？

① 酵母的质量和用量：酵母用量多，发酵速度快；酵母用量少，发酵速度慢。酵母质量对发酵也有很大影响，保管不当或贮藏时间过长的酵母，色泽较深，发酵力降低，发酵速度减慢。

② 室内温度：面团发酵场所的温度高，发酵速度快；温度低，发酵速度慢。但温度一定要在一个适宜的范围。

③ 水温：在常温下采用 40℃左右的温水和面，制成面团温度为 27℃左右，最适宜酵母繁殖。水温过高，酵母易被烫死；水温过低，酵母繁殖较慢。如果在夏天，室温比较高，为避免发酵速度过快，宜采用冷水和面。

④ 盐和糖的加入量：少量的盐对酵母生长发育是有利的，过量的盐则使酵母繁殖受到抑制。糖为酵母繁殖提供营养，糖占面团总量 5% 左右，有利于酵母生长，使酵母繁殖速度加快。

03

搅拌时间对面包发酵有什么影响?

搅拌时间的长短会影响面团的质量。

① 如果搅拌姿势正确，时间适度，那么形成的面筋能达到最佳状态，面团既有一定的弹性又有一定的延展性，为制成松软可口的面包打下良好的基础。

② 如果搅拌不足，则面筋不能充分扩展，没有良好弹性和延伸性，不能保留发酵过程中所产生的二氧化碳，也无法使面筋软化。所以做出的面包体积小，内部组织粗糙。

③ 如果搅拌过度，则面团过分湿润，粘手，整形操作十分困难，面团搓圆后无法挺立，而是向四周流淌。烤出的面包内部有较多大孔洞，组织粗糙，品质很差。

04

怎样判断面团搅拌是否适度?

搅拌适度的面团，能用双手拉展成一张像玻璃纸那样的薄膜，整个薄膜分布均匀而光滑，用手触摸面团感觉到有黏性，但离开面团不会粘手，而且面团表面的手指痕迹会很快消失。

面包的保存

甜面包、吐司：有些含馅的吐司和甜面包室温下可以保存 2 ～ 3 天。值得注意的是，这里的馅料指椰蓉馅、豆沙馅、沙拉馅、巧克力馅、莲蓉馅、奶酥馅等软质馅料。不含馅的甜面包、吐司面包，是指白吐司、牛奶面包、黄油卷等，这类面包在室温下保存 3 天内食用口感最佳。

欧风面包：欧风面包一般是硬壳面包。当硬壳面包在出炉后，面包内部的水分会不断向外部渗透，最终会导致外壳吸收水分而变软。硬壳面包要放入纸袋保存，最好不要放入塑料袋。硬壳面包在室温下保存不宜超过 8 小时，如超过 8 个小时，外壳会像皮革般难以下咽。即使重新烘烤，也难以恢复刚出炉时的口感。

重油面包：此类面包因重油重糖，故能保存较久的时间，室温下可储存 7~15 天。制作重油面包时不要减油减糖，否则不仅会影响口感，也会缩短保质期。把面包放进保鲜袋以后，放进冰箱冷冻室急速冷冻到 -18℃，可以延长面包的保质期。

丹麦面包：丹麦面包包括起酥面包和可颂面包。丹麦面包因含油量高，故保质期较长，室温条件下可以保存一周左右。但需特别注意的是，如果是火腿肠丹麦面包、肉松丹麦面包、金枪鱼丹麦面包等带肉馅的丹麦面包，其保质期是 2 天左右。

调理面包：调理面包是运用甜面包或白吐司面包的配方面团制成的，经最后醒发后在烘烤前，在面团表面添加各种调制好的料理，然后进炉烘烤成熟。火腿、肉酱、碎肉、虾、鱼肉、鱼子酱、蔬菜、葱、罐头等食物，都是制作调理面包的馅料。不仅可以将单一馅料包入面包直接烤制，还可以把几种不同的馅料混合加入面包中进行烤制，口感非常美味。调理面包的馅料，如番茄、洋葱圈、酸黄瓜片、生菜、葱、火腿、碎肉、萝卜、鱼、肉酱、玉米罐头等很容易腐败，尤其在夏天，调理面包室温下保存不得超过 4 小时。如果不立即吃完，可以放入冰箱冷藏，能保存 1 天。

面包制作术语表

经常听面包师傅说“牙龈太小，面包做得不标准”“没有滚圆，不利于二次发酵”。“牙龈”“滚圆”这些和面包有什么关系，是面包烘焙的专业术语吗？下面来看看面包烘焙词汇的解析，让我们也向面包大师更靠近一点。

术语	释义
湿度	面团所能吸收的水量。筋度较高的面团一般能吸收更多水分
酸度	面团的酸度来源于发酵菌种及其在面团中的数量。除了酒精发酵外，其他微生物也参与到发酵过程中来，形成乳酸、醋酸和丁酸。一个面团过酸往往是因为醋酸过多。酸性环境有利于谷物蛋白发酵，使其更具延展性，同时也使得成品酸度更高，可推迟霉菌生长
添加剂	添加到面粉或面团中，以改变其特点或面包特点的成分
牙龈	指面包内部的空洞。由小麦蛋白组织网中的空气形成，其分布和大小可决定多种面包类型，而面团湿度、韧度、酵头、整形、二次发酵等因素都会影响它
揉面	目的在于使面团成筋，包裹住一定量的空气。随着揉面的进行，面团将会形成可被发酵产生的气体顶出空洞的筋度。混合所有材料后即揉面，或在浸泡之后可立即进行，直到使面团具有一定韧性
浸泡	混合面粉和水，静置 20 ～ 60 分钟。在此之后加入酵母和盐，如此克减少揉面时间，并产生大量糖。浸泡降低面团筋度，提高其承受度和延展性
发酵篮	用于发酵的篮子，由柳树枝制成，以拍上面粉的织物或其他材料覆盖，目的是使面包在二次发酵时维持形状

术语	释义
分次加水法	将水分成小剂量分次添加，使得揉面时面团更为光滑细腻，并增强其筋度，有利于中间空洞形成
滚圆	分割后的操作，目的在于赋予面团较轻巧的圆形，以用于二次发酵
排气	用擀面杖最大程度地排出面包成型前面团中所含有的气体，其结果是细密无空洞的内部组织
焦糖化	糖被加热时所形成的焦化状态。糖可来自于面粉自身，不一定是添加物，在炉中 150 ～ 200℃时会产生此现象
割包	面团进炉前的切割，使面包在炉中可获得更佳的延伸。割包有利于特定种类的面包成型
外壳	面包最表面的一层，较面包内部更为坚硬，因为在烘焙过程中经受更多水汽蒸发，因此更为干燥。水的含量则可以影响到面包外壳质量
分割	将大面团分割为一定重量的独立小面团的操作
冷却	面包冷却的阶段。从炉中取出后，面包内部会继续失去部分水分，由于水分蒸发所损失的重量为 1% ～ 2%。最佳冷却地点为烤架，该处可避免使面包接触到潮气
延伸性	物体承受拉伸而不破损的能力
发酵	通过干酵母和天然酵种的作用，谷物中糖分被转化为气体和酒精。面包发酵为无空气的酒精发酵的一种，虽然发酵的一部分也有氧气参与
二次发酵	二次发酵也称最终发酵，是形成烘焙后成品形状的发酵

术语	释义
最终整形	烘焙前的最后整形。特别注意最后整形时应该为面团在炉中的延展留出余地
筋度	面粉和面团的特点之一。筋度可以增强面粉吸水性，也可以通过包裹发酵产生的气体使面团膨胀得更大。发酵过程可减少面团柔软度，并增强其韧性
温度	在面包制作中最具影响力的因素之一。对温度的控制有利于在一定程度上把握发酵时间，获得稳定和更高品质的成品。一般而言，对小麦面包来说，最佳发酵温度为 23 ～ 25℃，但对黑麦面包而言，低温长时间发酵更为适宜
韧性	面粉赋予面团的能在拉扯后缩回原状的能力
耐受度	面团承受发酵不足或（尤其是）过度发酵而不严重损害品质的能力
蒸汽	在面包开始烘焙时烤箱或烤炉内的水汽，防止面包过早形成坚硬外壳，有利面包割口的扩展和最终外壳的光泽

Part 2

基础面包篇

淡淡的麦香，松软的嚼劲，基础面包就是这样朴素而又美味。本章为大家介绍了 20 款简单易做的基础面包，跟着我们一起来品一品面包最原始的滋味，让您和您的家人在紧张忙碌之余也能够品尝到不输于面包店的自制精美面包，马上尝试一下吧。

看视频学烘焙

「牛角包」

烤制时间： 15 分钟

原料 Material

高筋面粉---500 克
黄油---------- 70 克
奶粉---------- 20 克
细砂糖------100 克
盐---------------5 克
鸡蛋---------- 50 克
水---------200 毫升
酵母------------8 克
白芝麻-------- 适量

工具 Tool

玻璃碗，刮板，搅拌器，保鲜膜，电子秤，擀面杖，小刀，烤箱

做法 Make

1. 将细砂糖、水倒入碗中，用搅拌器搅拌至细砂糖溶化。
2. 把高筋面粉、酵母、奶粉倒在案台上，用刮板开窝。
3. 倒入备好的糖水，将材料混合均匀，并按压成形。
4. 加入鸡蛋，将材料混合均匀，揉搓成面团，并稍微拉平。
5. 倒入黄油，揉搓均匀，加入盐，揉搓成光滑的面团。
6. 用保鲜膜将面团包好，静置 10 分钟后将面团分成数个 60 克的小面团。
7. 将小面团揉搓成圆球，压平，用擀面杖将面皮擀薄。
8. 在面皮一端，用小刀切一个小口，将切开的两端慢慢地卷起来，搓成细长条。
9. 把两端连起来，围成一个圈，制成牛角包生坯。
10. 将牛角包生坯放入烤盘，使其发酵 90 分钟。
11. 在牛角包生坯上撒适量白芝麻，将烤盘放入烤箱，以上火 190°C、下火 190°C烤 15 分钟至熟。
12. 取出烤盘，将烤好的牛角包装入容器中即可。

「法棍面包」

烤制时间：15 分钟

看视频学烘焙

原料 Material

高筋面粉---250 克
酵母------------5 克
鸡蛋------------1 个
细砂糖------- 25 克
黄油---------- 20 克
水---------- 75 毫升

工具 Tool

刮板，刀片，擀面杖，烤箱

做法 Make

1. 将高筋面粉、酵母倒在面板上，用刮板拌匀，开窝。

2. 倒入细砂糖和鸡蛋，拌匀，加入清水，再拌匀。

3. 加入黄油，慢慢地和匀，至材料完全融合在一起，再揉成面团。

4. 将面团压扁，擀薄，卷起，把边缘搓紧，装在烤盘中，待发酵。

5. 在发酵好的面包生坯上快速划几刀。

6. 烤箱预热，把烤盘放入中层，关好烤箱门，以上、下火同为 200°C的温度烤约 15 分钟。断电后取出烤盘，稍稍冷却后拿出烤好的成品，装盘即可。

「法式面包」

烤制时间：15 分钟

看视频学烘焙

原料 Material

高筋面粉 --250 克
酵母----------- 5 克
鸡蛋----------- 1 个
黄油---------- 20 克
盐-------------- 1 克
细砂糖 ------ 20 克
水---------- 80 毫升

工具 Tool

刮板，刀片，擀面杖，烤箱，电子秤

做法 Make

1. 将高筋面粉、酵母倒在面板上，用刮板拌匀，开窝。

2. 倒入鸡蛋、细砂糖、盐，拌匀，加入水，再拌匀，放入黄油，慢慢地和匀，至材料完全融合在一起，再揉成面团。

3. 用备好的电子秤称取 80 克左右的面团，依次称取两个面团，将面团揉圆。

4. 取一个面团，压扁，擀薄，卷成橄榄形状，收紧口，装在烤盘中，依此法制成另一个生坯。

5. 将生坯装在烤盘中发酵，待发酵至 2 倍大，在生坯表面斜划两刀。

6. 烤箱预热，放入烤盘，关好箱门，以上、下火同为 200℃的温度烤约 15 分钟。断电后取出烤盘，稍稍冷却后拿出烤好的成品，装盘即可。

「牛奶面包」

烤制时间：15 分钟

看视频学烘焙

原料 Material

高筋面粉---200 克
蛋白---------- 30 克
酵母------------3 克
牛奶------100 毫升
细砂糖------- 30 克
黄油---------- 35 克
盐---------------2 克

工具 Tool

刮板，擀面杖，剪刀，烤箱，高温布

做法 Make

1. 将高筋面粉倒在案台上，加入盐、酵母，用刮板混合均匀，开窝。

2. 倒入蛋白、细砂糖，倒入牛奶，放入黄油，拌入混合好的高筋面粉，搓成湿面团。

3. 将湿面团搓成光滑的面团，分成三等份剂子，再把剂子搓成光滑的小面团。

4. 用擀面杖把小面团擀成薄厚均匀的面皮，卷成圆筒状，制成生坯。

5. 将制作好的生坯装入垫有高温布的烤盘里，常温发酵 1.5 小时。

6. 用剪刀在发酵好的生坯上逐一剪开数道平行的口子，再逐个往开口处撒上适量细砂糖。

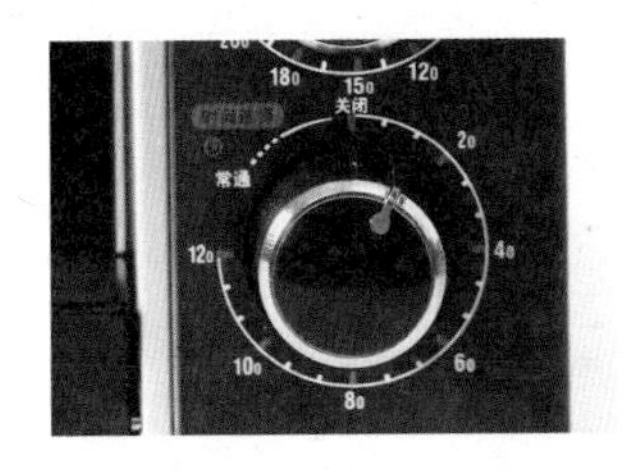

7. 取烤箱，放入生坯，关上烤箱门，上、下火均调为 190℃，烘烤时间设为 15 分钟，开始烘烤。

8. 打开烤箱门，戴上隔热手套，把烤好的面包取出，装在篮子里即可。

看视频学烘焙

「奶酥面包」

烤制时间：10 分钟

原料 Material

面团

高筋面粉---500 克
黄油---------- 70 克
奶粉---------- 20 克
细砂糖------100 克
盐---------------5 克
鸡蛋------------1 个
清水------200 毫升
酵母------------8 克

香酥粒

低筋面粉---- 70 克
细砂糖------- 30 克
黄油---------- 30 克

工具 Tool

搅拌器，刮板，保鲜膜，电子秤，纸杯，烤箱，玻璃碗

做法 Make

1. 将 100 克细砂糖倒入玻璃碗中，加入清水。

2. 用搅拌器搅拌匀，制成糖水待用。

3. 将高筋面粉、酵母、奶粉倒在案台上，用刮板混合均匀，再开窝。

4. 倒入糖水，刮入混合好的高筋面粉，混合成湿面团，加入鸡蛋，揉搓均匀。

5. 加入 70 克黄油， 继续揉搓，充分混合，加入盐，揉搓成光滑的面团。

6. 用保鲜膜把面团包裹好，静置 10 分钟醒面。

7. 去掉面团保鲜膜，把面团搓成条状。

8. 用电子秤称取数个 60 克的小面团，揉搓成小球状。

9. 取 4 个面球放入烤盘的纸杯里，常温发酵 90 分钟，制成面包生坯。

10. 把 30 克细砂糖倒入玻璃碗中，加入 30 克黄油、低筋面粉搅匀。

11. 揉捏成颗粒状，撒在面包生坯上。

12. 把生坯放入预热好的烤箱里，上下火均调为 190°C烤 10 分钟。

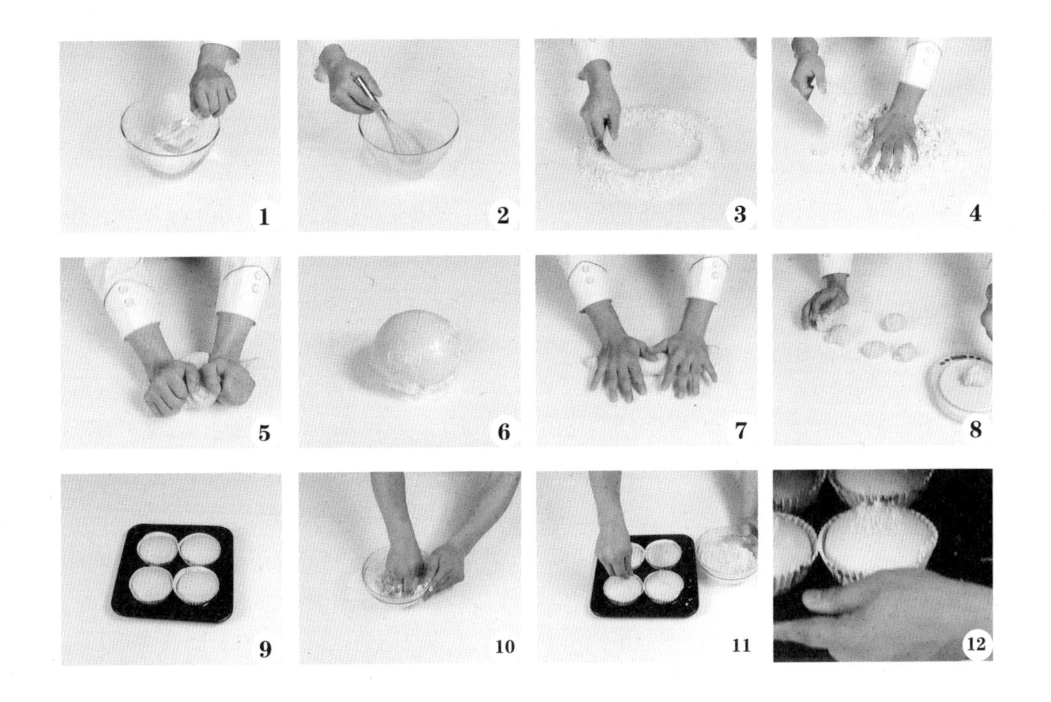

「菠萝包」

烤制时间：15 分钟

看视频学烘焙

原料 Material

高筋面粉---500 克
黄油---------107 克
奶粉---------- 20 克
细砂糖----- 200 克
盐---------------5 克
鸡蛋---------- 50 克
酵母------------8 克
低筋面粉---125 克
食粉、臭粉各 1 克
水---------215 毫升

工具 Tool

刮板，搅拌器，擀面杖，竹签，刷子，烤箱，保鲜膜，电子秤

做法 Make

1. 将 100 克细砂糖、200 毫升水倒入容器中，拌至溶化。

2. 把高筋面粉、酵母、奶粉倒在案台上，用刮板开窝，倒入糖水，混匀揉搓，加入鸡蛋，揉成面团。

3. 将面团稍微拉平，倒入 70 克黄油，加入盐，揉搓成光滑的面团，用保鲜膜包好，静置 10 分钟后，将面团分成数个 60 克 / 个的小面团，搓成圆形，发酵 90 分钟。

4. 将低筋面粉倒在案台上，用刮板开窝，倒入 15 毫升水、100 克细砂糖，拌匀，加入臭粉、食粉，混匀，倒入 37 克黄油，混匀，揉搓成纯滑的面团，制成酥皮。

5. 取一小块酥皮，裹好保鲜膜，擀薄后放在发酵好的面团上，刷上蛋液，用竹签划上十字花形，制成菠萝包生坯，放入烤箱中，以上、下火均为 190℃的温度烤 15 分钟即可。

「罗宋包」

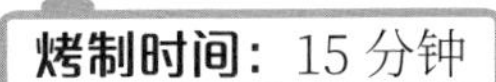

看视频学烘焙

原料 Material

高筋面粉---500 克
黄油---------- 70 克
奶粉---------- 20 克
细砂糖------100 克
盐---------------5 克
鸡蛋---------- 50 克
酵母------------8 克
黄油----------- 适量
低筋面粉----- 适量
水---------200 毫升

工具 Tool

刮板，搅拌器，筛网，小刀，烤箱，擀面杖，玻璃碗，保鲜膜，电子秤

做法 Make

1. 将细砂糖、清水倒入玻璃碗中，搅拌至砂糖溶化。

2. 把高筋面粉、酵母、奶粉倒在案台上，用刮板开窝，倒入糖水，混匀并按压成形，加入鸡蛋，揉搓成面团。

3. 将面团稍微拉平，倒入黄油，揉搓匀，加入适量盐，揉搓成光滑的面团，裹好保鲜膜，静置 10 分钟。

4. 将面团分成数个 60 克 / 个的小面团，揉搓成圆形，用擀面杖将面团擀平，从一端开始，将面团卷成卷，揉成橄榄形，放入烤盘，发酵 90 分钟。

5. 用小刀在发酵好的面团上划一道口子，在切口部位放入适量黄油，将低筋面粉过筛至面团上。

6. 把烤盘放入烤箱中，以上、下火均为 190℃的温度烤 15 分钟至熟即可。

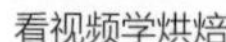
看视频学烘焙

「沙拉包」

烤制时间：15 分钟

原料 Material

高筋面粉---500 克
黄油---------- 70 克
奶粉---------- 20 克
细砂糖------100 克
盐---------------5 克
鸡蛋---------- 50 克
水---------200 毫升
酵母------------8 克
沙拉酱-------- 适量

工具 Tool

刮板，搅拌器，玻璃碗，裱花袋，保鲜膜，电子秤，剪刀，烤箱

做法 Make

1. 将细砂糖、水倒入玻璃碗中，用搅拌器搅拌至细砂糖溶化。
2. 把高筋面粉、酵母、奶粉倒在案台上，用刮板开窝。
3. 倒入备好的糖水，将材料混合均匀，并按压成形。
4. 加入鸡蛋，将材料混合均匀，揉搓成面团。
5. 将面团稍微拉平，倒入黄油，揉搓均匀，加入盐，揉搓成光滑的面团。
6. 用保鲜膜将面团包好，静置 10 分钟。
7. 将面团分成数个 60 克 / 个的小面团，揉成圆球。
8. 将圆球面团放入烤盘中，使其发酵 90 分钟。
9. 将适量沙拉酱装入裱花袋之中，在尖端部位剪开一个小口。
10. 在发酵的面团上挤入沙拉酱。
11. 以上、下火 190℃的温度预热烤箱，预热后放入烤盘。
12. 烤 15 分钟至熟取出，将烤好的沙拉包装入盘中即可。

「全麦餐包」

烤制时间：15 分钟

看视频学烘焙

原料 Material

全麦面粉---250 克
高筋面粉---250 克
盐---------------5 克
酵母------------5 克
细砂糖------100 克
水---------200 毫升
鸡蛋------------1 个
黄油---------- 70 克

工具 Tool

刮板，电子秤，蛋糕纸杯，烤箱

做法 Make

1. 将全麦面粉、高筋面粉倒在案台上，拌匀，用刮板开窝。

2. 放入酵母刮在粉窝边，倒入细砂糖、水、鸡蛋，用刮板搅散。

3. 将材料混合均匀，加入黄油，揉搓均匀。

4. 加入盐，混合均匀，揉搓成面团。

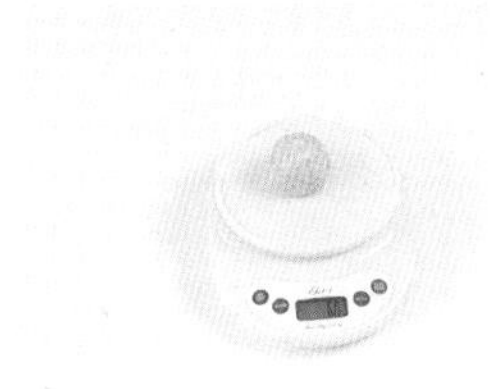

5. 把面团切成数个 60 克的小剂子，搓成圆球。

6. 取 4 个面团，放在蛋糕纸杯里，放入烤盘，常温下发酵 90 分钟，使其发酵至原体积的 2 倍大。

7. 将烤盘放入预热好的烤箱，上、下火均调为 190℃烤 15 分钟至熟。

8. 打开箱门，取出烤好的全麦餐包即可。

「麸皮核桃包」

烤制时间：15 分钟

看视频学烘焙

原料 Material

高筋面粉---200 克
麸皮---------- 50 克
酵母------------ 4 克
鸡蛋------------ 1 个
细砂糖------- 50 克
黄油---------- 35 克
奶粉---------- 20 克
核桃仁-------- 适量
水---------100 毫升

工具 Tool

刮板，小刀，烤箱，擀面杖，圆形模具

做法 Make

1. 将高筋面粉、麸皮、奶粉、酵母倒在面板上，用刮板拌匀，开窝。

2. 倒入细砂糖和鸡蛋，拌匀，加入清水、黄油，慢慢地和匀，至材料完全融合在一起，揉成面团。

3. 把面团擀薄，呈 0.3 厘米左右的面皮，取备好的圆形模具，在面皮上按压出八个面团。

4. 取两个面团叠起来，依次叠好四份，取一份在中间割开一个小口，放入核桃仁，按压好。

5. 放入烤盘，依次做好其余的核桃包，装在烤盘中，摆整齐，待发酵好。

6. 烤箱预热，放入烤盘，关好烤箱门，以上、下火同为 190℃的温度烤约 15 分钟。取出烤盘，稍稍冷却后拿出烤好的成品，装盘即可。

「南瓜面包」

烤制时间：15 分钟

原料 Material

高筋面粉---500 克
黄油---------- 70 克
奶粉---------- 20 克
细砂糖------100 克
盐-------------- 5 克
鸡蛋 -----------1 个
酵母------------8 克
南瓜蓉-------- 适量
水---------215 毫升

工具 Tool

刮板，烤箱，搅拌器，擀面杖，电子秤，玻璃碗，保鲜膜，小刀

做法 Make

1. 将细砂糖倒入碗中，加入清水，搅拌均匀，待用。

2. 将高筋面粉倒在案台上，加入酵母、奶粉，用刮板混匀开窝，倒入糖水，刮入面粉，揉搓匀。

3. 加入鸡蛋，揉搓匀，放入黄油，继续揉搓，加入盐，揉成光滑的面团，用保鲜膜裹好，静置 10 分钟。

4. 把面团搓成条状，切取一个小剂子，放在电子秤上，称取 60 克的面团，再摘成数个同等大小的小剂子，搓捏成饼，放上适量南瓜蓉，收口捏紧，搓成球状，再擀成圆饼，依此制成数个生坯。

5. 把生坯放在烤盘里，再轻轻划两刀，发酵 90 分钟。

6. 生坯放入烤箱中，以上、下火 190℃的温度烤 15 分钟即可。

看视频学烘焙

「奶香桃心包」

烤制时间： 15分钟

原料 Material

高筋面粉---500 克
酵母------------8 克
鸡蛋------------1 个
细砂糖------100 克
黄油---------- 70 克
奶粉---------- 20 克
水---------200 毫升
盐---------------5 克

工具 Tool

刮板，小刀，烤箱，擀面杖，玻璃碗，搅拌器，保鲜膜，电子秤

做法 Make

1. 将细砂糖、水倒入玻璃碗中，用搅拌器搅拌至细砂糖溶化。
2. 把高筋面粉、酵母、奶粉倒在案台上，用刮板开窝。
3. 倒入备好的糖水，将材料混合均匀，并按压成形。
4. 加入鸡蛋，将材料混合均匀，揉搓成面团。
5. 将面团稍微拉平，倒入黄油，揉搓均匀，加入盐，揉搓成光滑的面团。
6. 用保鲜膜将面团包好，静置 10 分钟。
7. 将面团分成数个 60 克 / 个的小面团，揉搓成圆球，压平，再用擀面杖擀成面皮。
8. 将面皮对折，用小刀从中间切开，但不切断。
9. 把切面翻开， 呈心形，稍微压平，制成桃心包生坯，并将桃心包生坯放入烤盘，使其发酵 90 分钟。
10. 将烤盘放入烤箱，以上火 190℃、下火 190℃烤 15 分钟至熟。

「蜂蜜小面包」

烤制时间： 15 分钟

看视频学烘焙

原料 Material

高筋面粉---500 克
黄油---------- 70 克
奶粉---------- 20 克
细砂糖------100 克
盐--------------5 克
鸡蛋---------- 1 个
酵母---------- 8 克
杏仁片-------- 适量
蜂蜜---------- 适量
水---------200 毫升

工具 Tool

刮板，刷子，烤箱，搅拌器，蛋糕纸杯，玻璃碗，保鲜膜，电子秤

做法 Make

1. 把细砂糖、水倒入玻璃碗中，搅拌至溶化，待用。

2. 高筋面粉、酵母、奶粉倒于案台，用刮板开窝。

3. 倒入备好的糖水，将材料混合均匀，按压成形，加入鸡蛋，将材料混合均匀，揉搓成面团。

4. 将面团拉平，倒入黄油，揉匀，加盐，揉成光滑的面团，用保鲜膜将面团包好，静置 10 分钟。

5. 将面团分成数个 60 克 / 个的小面团，把小面团揉搓成圆球形，将小面团放入蛋糕纸杯中，再放入烤盘，使其发酵 90 分钟。在发酵好的面团上撒入适量杏仁片。

6. 将烤盘放入烤箱，以上火 190℃、下火 190℃烤 15 分钟至熟。从烤箱中取出烤盘，在烤好的面包上刷适量蜂蜜，待稍微放凉后即可食用。

「可松面包」

烤制时间：15 分钟

原料 Material

高筋面粉---450 克
低筋面粉---- 50 克
砂糖---------- 45 克
酵母------------8 克
改良剂---------2 克
奶粉---------- 50 克
全蛋---------- 75 克
冰水------250 毫升
食盐------------8 克
奶油---------- 45 克
片状酥油----- 适量

工具 Tool

刮板，冰箱，刷子，刀，烤箱，发酵箱，保鲜膜，擀面杖

做法 Make

1. 将主面原料混合拌匀，用手压扁成长方形，用保鲜膜包好，放入冰箱冷冻 30 分钟以上。

2. 取出面团，用擀面杖擀宽、擀长。放上片状酥油，包好，并捏紧收口，再用擀面杖擀宽、擀长。

3. 将面皮叠三折，入冰箱冰藏 30 分钟以上，如此动作重复 3 次即可。

4. 将面皮切成 0.5 厘米厚、13 厘米宽的面片，用刀裁开，中间划开，稍微拉长。

5. 卷成形，放入烤盘，再放入发酵箱醒发 60 分钟，温度 35℃，湿度 75%。

6. 发酵好的面团刷上全蛋液，入炉以上火 200℃、下火 165℃烘烤 15 分钟，烤好后出炉即可。

「南瓜仁面包」

烤制时间：15 分钟

看视频学烘焙

原料 Material

高筋面粉---500 克
黄油---------- 95 克
奶粉---------- 20 克
细砂糖------100 克
盐--------------- 5 克
鸡蛋------------ 1 个
酵母------------ 8 克
糖粉---------- 60 克
鸡蛋---------- 40 克
低筋面粉---115 克
朗姆酒------ 3 毫升
南瓜仁-------- 适量
水---------200 毫升

工具 Tool

电动搅拌器，烤箱，剪刀，刮板，裱花袋，玻璃碗，保鲜膜，电子秤

做法 Make

1. 将细砂糖、200 毫升水一并倒入玻璃碗中，搅拌至细砂糖完全溶化。

2. 高筋面粉、酵母、奶粉倒在案台上，开窝，倒入糖水，加入鸡蛋，揉搓成面团，并稍微拉平。

3. 倒入 70 克黄油，揉搓至完全融合，加入盐，揉搓成光滑面团，用保鲜膜将面团包好，静置 10 分

4. 电子称取数个 60 克的小面团，搓成圆球，取 3 个小面团，放入烤盘里，发酵 90 分钟。

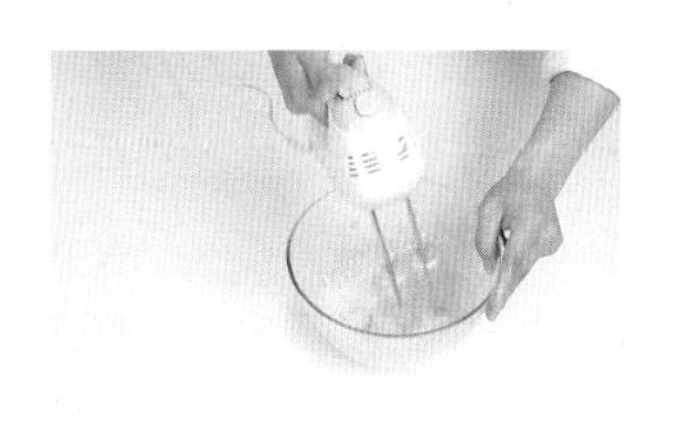

5.25 克黄油、糖粉、鸡蛋倒入大碗中，用电动搅拌器搅拌均匀，加入朗姆酒、20 毫升水，快速拌匀。

6. 倒入低筋面粉，拌匀做成面包酱，装入裱花袋中，以划圆圈的方式挤在面团上，放上南瓜仁。

7. 将烤盘放入烤箱，以上下火 190℃烤 15 分钟。

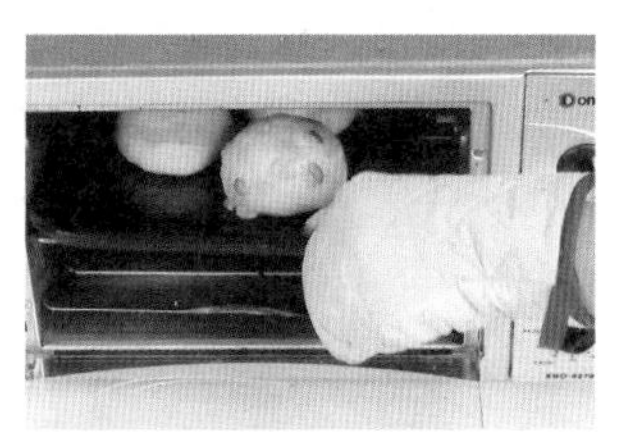

8. 时间到取出烤盘即可。

看视频学烘焙

「奶香杏仁堡」

烤制时间：10 分钟

原料 Material

高筋面粉---500 克
黄油---------- 70 克
奶粉---------- 20 克
细砂糖------100 克
盐---------------5 克
鸡蛋------------1 个
水---------200 毫升
酵母------------8 克
杏仁片-------- 适量

工具 Tool

刮板，搅拌器，保鲜膜，擀面杖，模具，刷子，烤箱，玻璃碗，电子秤

做法 Make

1. 细砂糖、水倒入碗中，用搅拌器拌匀成糖水待用。
2. 将高筋面粉倒在面板上，加入酵母、奶粉，用刮板混合均匀，再开窝。
3. 倒入糖水，将材料混合均匀，并按压成形。
4. 加入鸡蛋揉搓均匀，加入黄油，继续揉搓，充分混合。
5. 加入盐揉成光滑面团，用保鲜膜裹好，静置 10 分钟。
6. 把面团搓成条状，用刮板切出一个约为 30 克的剂子。
7. 把面团摘成数个大小均等的剂子，把剂子搓成小球状。
8. 取数个模具，用刷子在内壁刷上一层黄油，再粘上一层杏仁片。
9. 将面团用擀面杖擀平，自上而下卷起，即成生坯，放入模具中，装在烤盘中，常温下发酵 90 分钟。
10. 将烤箱上下火均调为 190℃，预热 2 分钟。
11. 把发酵好的生坯放入烤箱里，烘烤 10 分钟，取出烤好的面包脱模、装好即可。

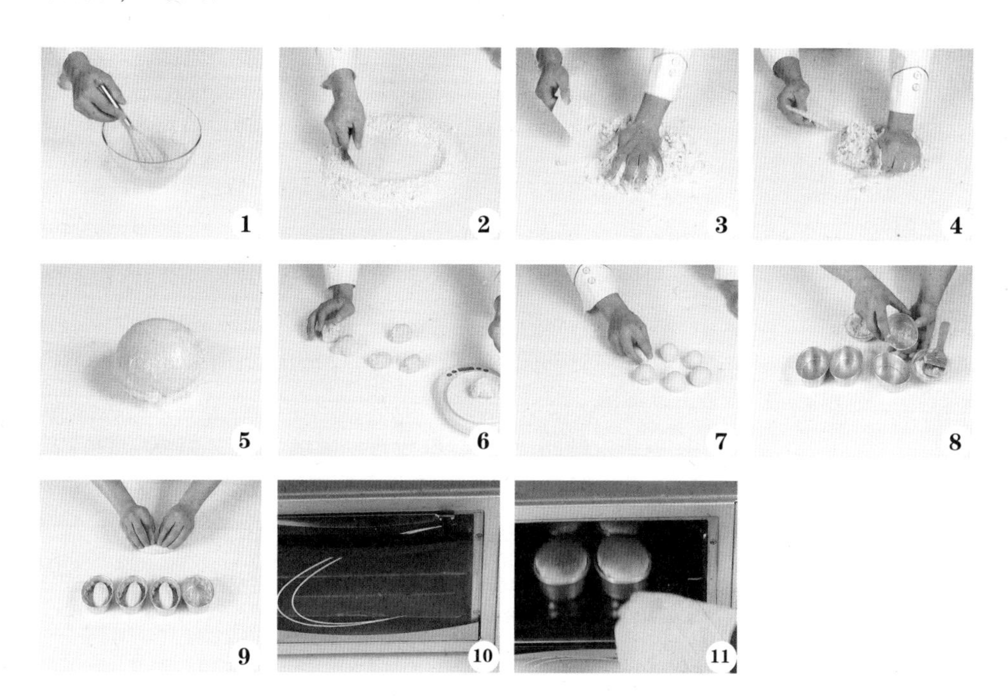

「鸡尾面包」

烤制时间：15 分钟

原料 Material

主面团

高筋面粉- 1000 克
砂糖---------185 克
清水------525 毫升
食盐、酵母各 10 克
蜂蜜---------- 50 克
奶粉---------- 40 克
奶油---------110 克
改良剂---------3 克
全蛋---------100 克
奶香粉---------3 克

鸡尾馅

砂糖、奶油各 100 克
全蛋---------- 15 克
低筋面粉---- 50 克
奶粉、椰蓉各适量

吉士馅

清水------100 毫升
即溶吉士粉- 35 克

装饰

白芝麻-------- 适量

工具 Tool

刮板，保鲜膜，搅拌器，发酵箱，烤箱，刷子，玻璃碗，电子秤

做法 Make

1. 将主面团原料混合搅拌至面筋扩展，然后用保鲜膜包好松弛 20 分钟。

2. 将砂糖、奶油、全蛋拌匀，最后加奶粉、低筋面粉、椰蓉拌匀即成鸡尾馅。

3. 把松驰好的面团分成 60 克 / 个的小面团，滚圆压扁，包入鸡尾馅，卷成橄榄形。

4. 放进发酵箱，醒发 90 分钟，温度 38℃，湿度 75%，发酵至原体积的 3 倍大后刷上全蛋液。

5. 将清水、即溶吉士粉拌匀成软鸡尾状即成吉士馅。

6. 在面包坯上挤上吉士馅，撒上白芝麻，放入烤箱，上火 185℃，下火 160℃，烘烤 15 分钟。

「蓝莓菠萝面包」

烤制时间：15 分钟

原料 Material

主面团

高筋面粉- 2500 克
砂糖---------275 克
全蛋---------250 克
奶油---------265 克
酵母---------- 25 克
奶粉---------100 克
清水---- 1250 毫升
改良剂 ----9 克
炼奶---------150 克
食盐---------- 25 克

菠萝皮

蓝莓酱、糖粉各适量
奶油---------300 克
奶香粉---------3 克
糖粉---------- 25 克
低筋面粉----- 适量
全蛋---------100 克

工具 Tool

刮板，搅拌器，发酵箱，烤箱，模具，裱花袋、电子秤

做法 Make

1. 将主面原料混合搅拌至拉出薄膜状，放入发酵箱，基本发酵 25 分钟，温度 32℃，湿度 75%。
2. 将发酵好的面团分割成 65 克 / 个的小面团，小面团滚圆，再松弛 20 分钟。
3. 把菠萝皮的原料拌匀揉成菠萝皮，分成小段，滚圆排气后裹在面团外面即可。
4. 将面团放入烤盘，将小模具压在面团上。
5. 待面团常温发酵至 2 ～ 2.5 倍大，即可放入烤箱，上火 185℃，下火 160℃，大约烤 15 分钟。
6. 烤好后出炉，拿开小模具，挤上蓝莓酱，撒上糖粉即可。

「火腿肉松面包卷」

烤制时间：13 分钟

看视频学烘焙

原料 Material

高筋面粉---500 克
黄油---------- 70 克
奶粉---------- 20 克
细砂糖------100 克
盐---------------5 克
鸡蛋------------1 个
酵母------------8 克
火腿粒------- 40 克
葱花----------- 少许
肉松----------- 适量
沙拉酱-------- 适量
水---------200 毫升

工具 Tool

搅拌器，刮板，蛋糕刀，叉子，抹刀，木棍，烤箱，玻璃碗，电子秤，烘焙纸，白纸

做法 Make

1. 细砂糖装碗，加水，搅拌至糖分溶化，待用。

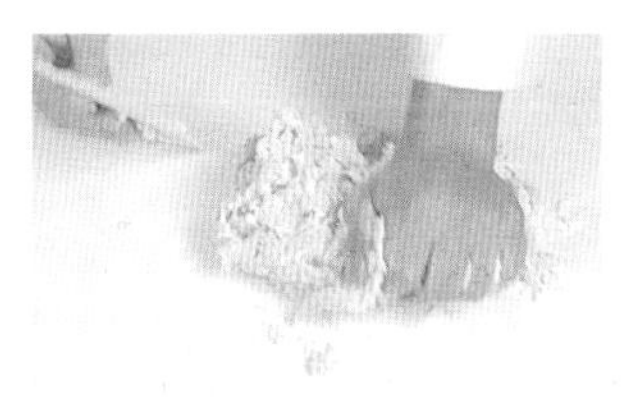

2. 将高筋面粉倒在案台上，加入酵母、奶粉，混匀，开窝，倒入糖水，混合均匀，揉成面团。

3. 加入鸡蛋、黄油、盐，揉成面团，用电子秤称取 300 克的面团，压平，拉成方形面皮。

4. 把面皮放入铺有烘焙纸的烤盘里，铺平，用叉子在面皮上扎均匀的小孔，使面皮发酵 90 分钟。

5. 把火腿粒撒在发酵好的面皮上，再撒上葱花。

6. 放入预热好的烤箱，以上、下火 180℃烤约 13 分钟。打开箱门，把烤好的面包取出。

7. 把面包倒扣在案台的白纸上，撕掉烘焙纸，用蛋糕刀把边缘切齐整，抹上一层沙拉酱。

8. 用木棍把白纸卷起，将面包卷成卷，两端切齐整，切成两段，每一段的两端分别蘸上沙拉酱、肉松，装入盘中即可。

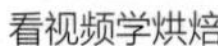

看视频学烘焙

「早餐包」

烤制时间：15 分钟

原料 Material

高筋面粉---500 克
黄油---------- 70 克
奶粉---------- 20 克
细砂糖------100 克
盐---------------5 克
鸡蛋------------1 个
水---------200 毫升
酵母------------8 克
蜂蜜----------- 适量

工具 Tool

玻璃碗，搅拌器，刮板，保鲜膜，电子秤，烤箱，刷子

做法 Make

1. 将细砂糖、水倒入玻璃碗中，用搅拌器搅拌至细砂糖溶化。

2. 把高筋面粉、酵母、奶粉倒在案台上，用刮板开窝。

3. 倒入备好的糖水，将材料混合均匀，并按压成形。

4. 加入鸡蛋，将材料混合均匀，揉搓成面团。

5. 将面团稍微拉平，倒入黄油，揉搓均匀。

6. 加入适量盐，揉搓成光滑的面团。

7. 用保鲜膜将面团包好，静置 10 分钟。

8. 将面团分成数个 60 克 / 个的小面团。

9. 把小面团揉搓成圆球形，放入烤盘中，使其发酵 90 分钟。

10. 将烤盘放入烤箱，以上火 190℃、下火 190℃烤 15 分钟至熟。

11. 从烤箱中取出烤盘。

12. 将烤好的早餐包装入盘中，刷上适量蜂蜜即可。

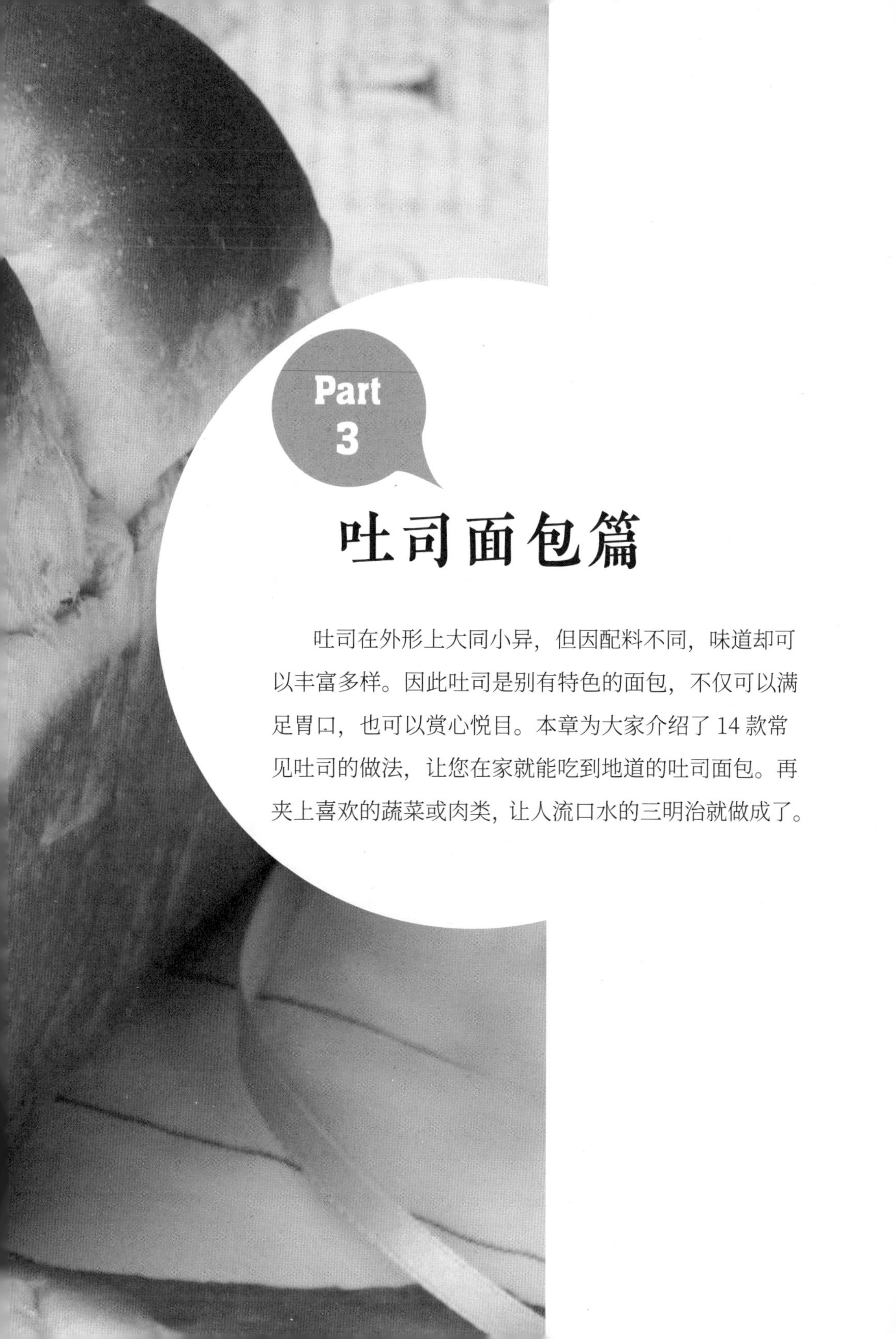

Part 3

吐司面包篇

吐司在外形上大同小异，但因配料不同，味道却可以丰富多样。因此吐司是别有特色的面包，不仅可以满足胃口，也可以赏心悦目。本章为大家介绍了 14 款常见吐司的做法，让您在家就能吃到地道的吐司面包。再夹上喜欢的蔬菜或肉类，让人流口水的三明治就做成了。

「丹麦吐司」

烤制时间：20 分钟

原料 Material

高筋面粉---170 克
低筋面粉---- 30 克
细砂糖------- 50 克
黄油---------- 20 克
奶粉---------- 12 克
盐---------------3 克
酵母------------5 克
水---------- 88 毫升
鸡蛋---------- 40 克
片状酥油---- 70 克
糖粉----------- 适量

工具 Tool

刮板，方形模具，筛网，玻璃碗，擀面杖，电子秤，刀，烤箱，油纸，刷子，冰箱

做法 Make

1. 将低筋面粉倒入装有高筋面粉的玻璃碗中，搅拌匀。

2. 放入奶粉、酵母、盐，拌匀，倒在案台上，用刮板开窝。

3. 倒入水、细砂糖、鸡蛋，用刮板拌匀，揉搓成面团。

4. 加入黄油，与面团混合均匀，继续揉搓，直至揉成纯滑的面团。

5. 将片状酥油放在油纸上，对折油纸，略压后擀成薄片。

6. 将面团擀成面皮，整理成长方形，在一侧放上酥油片，将另一侧的面皮盖上酥油片，把面皮擀平。

7. 将面片对折两次，放入冰箱，冷藏 10 分钟取出，继续擀平，再对折两次，放入冰箱，冷藏 10 分钟。

8. 取出冷藏好的面团再次擀平，继续对折两次，即成丹麦面团。

9. 用电子秤称取一块 450 克的面团，用刀从面团一端 1/5 处开始将其切成三条，将面条编成麻花辫形。

10. 将辫形面团放入刷了黄油的方形模具，使其发酵 90 分钟。

11. 把模具放入预热好的烤箱，以上火 170℃、下火 200℃烤 20 分钟至熟。

12. 从烤箱中取出丹麦吐司，将适量糖粉过筛至吐司上即可。

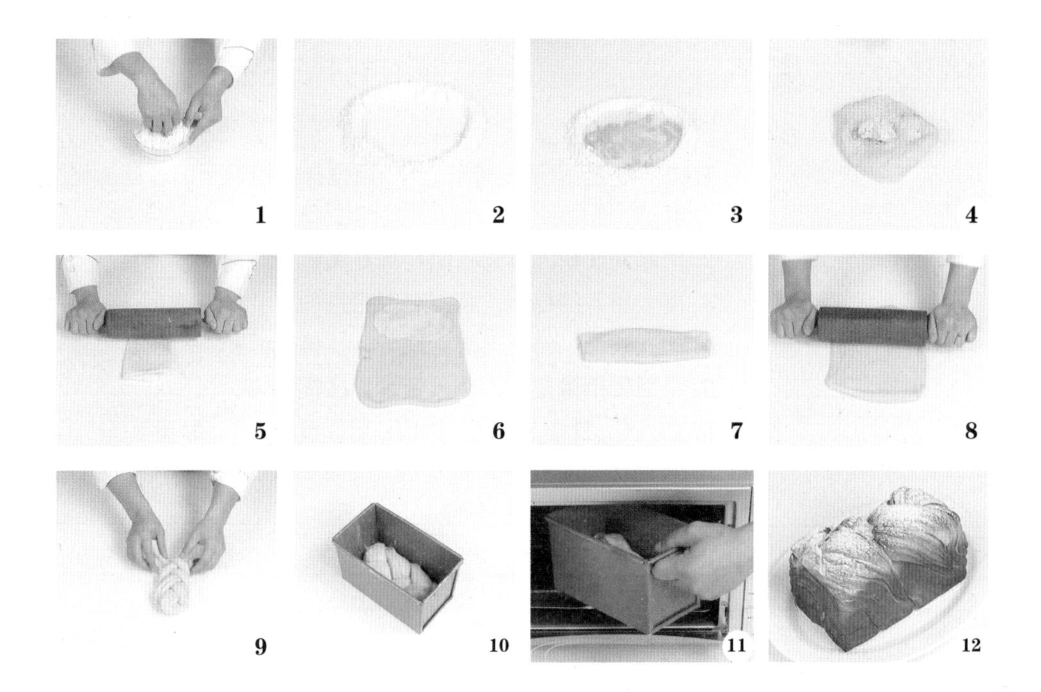

「白吐司」

烤制时间：25 分钟

原料 Material

高筋面粉---500 克
黄油---------- 70 克
奶粉---------- 20 克
细砂糖------100 克
盐---------------5 克
鸡蛋------------1 个
水---------200 毫升
酵母------------8 克
蜂蜜----------- 适量

工具 Tool

搅拌器，方形模具，刮板，玻璃碗，保鲜膜，刷子，烤箱，刀

做法 Make

1. 将细砂糖、水倒入玻璃碗中，用搅拌器搅拌至细砂糖溶化，待用。
2. 把高筋面粉、酵母、奶粉倒在案台上，用刮板开窝。
3. 倒入备好的糖水，将材料混合均匀，并按压成形。
4. 加入鸡蛋，将材料混合均匀，揉搓成面团。
5. 将面团稍微拉平，倒入黄油，揉搓均匀。
6. 加入盐，揉搓成光滑的面团，用保鲜膜包好，静置 10 分钟。
7. 将面团对半切开，揉搓成两个圆球，放入抹有黄油的方形模具中，发酵 90 分钟。
8. 将模具放入烤箱，以上火 170℃、下火 220℃烤 25 分钟。
9. 取出模具，将面包脱模，刷上适量蜂蜜即可。

「甘笋吐司」

烤制时间：30 分钟

原料 Material

高筋面粉---750 克
酵母---------- 10 克
改良剂---------3 克
砂糖---------140 克
奶粉---------- 30 克
全蛋---------100 克
胡萝卜汁 400 毫升
食盐------------8 克
奶油---------- 85 克

工具 Tool

刮板，擀面杖，烤箱，刷子，发酵箱，电子秤，吐司模具

做法 Make

1. 将原料混合拌至可拉出薄膜状，放入发酵箱松弛 25 分钟，温度 30℃，湿度 78%。
2. 将松弛好的面团分割成 150 克 / 个的小面团，把小面团滚圆，再松弛 120 分钟。
3. 将松弛好的小面团用擀面杖擀开排气，卷起成形后放入模具中。
4. 排列好放进发酵箱醒发 95 分钟，温度为 36℃，湿度为 85%。
5. 把醒好的面团放入烤箱烘烤，上火 165 ℃，下火 185℃，烤约 30 分钟至烤好。取出吐司，刷上全蛋液即可。

「酸奶吐司」

烤制时间：25 分钟

看视频学烘焙

原料 Material

高筋面粉---210 克
酵母------------4 克
细砂糖------- 43 克
盐---------------3 克
鸡蛋---------- 27 克
酸奶---------150 克
黄油---------- 30 克
杏仁片-------- 适量

工具 Tool

刮板，模具，擀面杖，烤箱，电子秤

做法 Make

1. 将高筋面粉、酵母、盐倒在案板上，用刮板拌匀，开窝。

2. 倒入细砂糖和鸡蛋，拌匀，加入酸奶，再拌匀，放入黄油。

3. 慢慢和至材料完全融合在一起，然后再揉成面团。

4. 用备好的电子秤称取 90 克左右的面团，称取 4 个面团，并依次将面团揉圆。

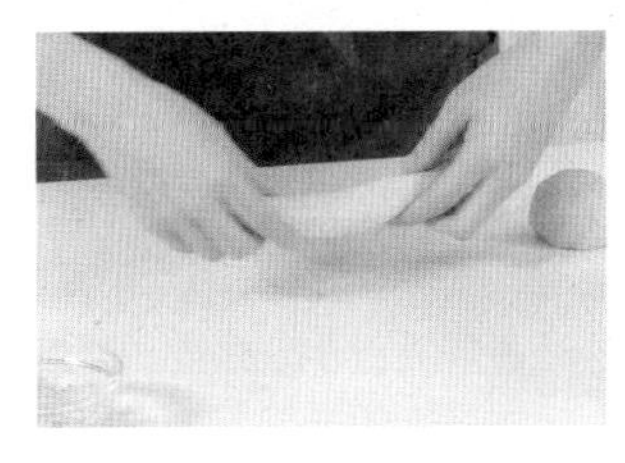

5. 将面团压扁，擀薄擀长，再卷成两头尖的橄榄形状，放入模具中。

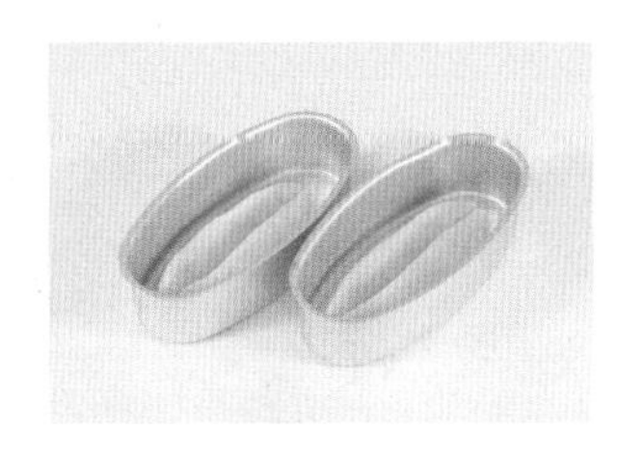

6. 将其余面团制成同样形状，装在模具中，待其发酵 1.5 小时。

7. 在发酵好的吐司上撒上杏仁片。

8. 将模具放入烤箱，以上火 170℃、下火 200℃ 的温度烤 25 分钟后取出脱模装盘即可。

看视频学烘焙

「红豆全麦吐司」

烤制时间： 25 分钟

原料 Material

全麦面粉---250 克
高筋面粉---250 克
盐---------------5 克
酵母------------5 克
细砂糖------100 克
水---------200 毫升
鸡蛋------------1 个
黄油---------- 70 克
红豆粒-------- 适量

工具 Tool

刮板，方形模具，刷子，小刀，电子秤，擀面杖，烤箱

做法 Make

1. 将全麦面粉、高筋面粉倒在案台上，用刮板开窝。
2. 放入酵母刮在粉窝边，倒入细砂糖、水、鸡蛋，用刮板搅散。
3. 将材料混合均匀，加入黄油，揉搓均匀。
4. 加入盐，混合均匀，揉搓成面团。
5. 取方形模具，在内侧刷上一层黄油待用。
6. 用电子秤称取 350 克的面团，用擀面杖将面团擀平。
7. 放上适量红豆粒，收口，揉成圆球，用擀面杖擀成面皮。
8. 用小刀在面皮上轻轻地划上数道口子，将面皮翻面，再卷成橄榄形，制成生坯。
9. 把生坯放入方形模具里，在常温下发酵 90 分钟。
10. 将发酵好的生坯放入预热好的烤箱里。
11. 关上箱门，以上火 190℃、下火 190℃烤 25 分钟至熟。
12. 取出烤好的面包，脱模，装入盘中即可。

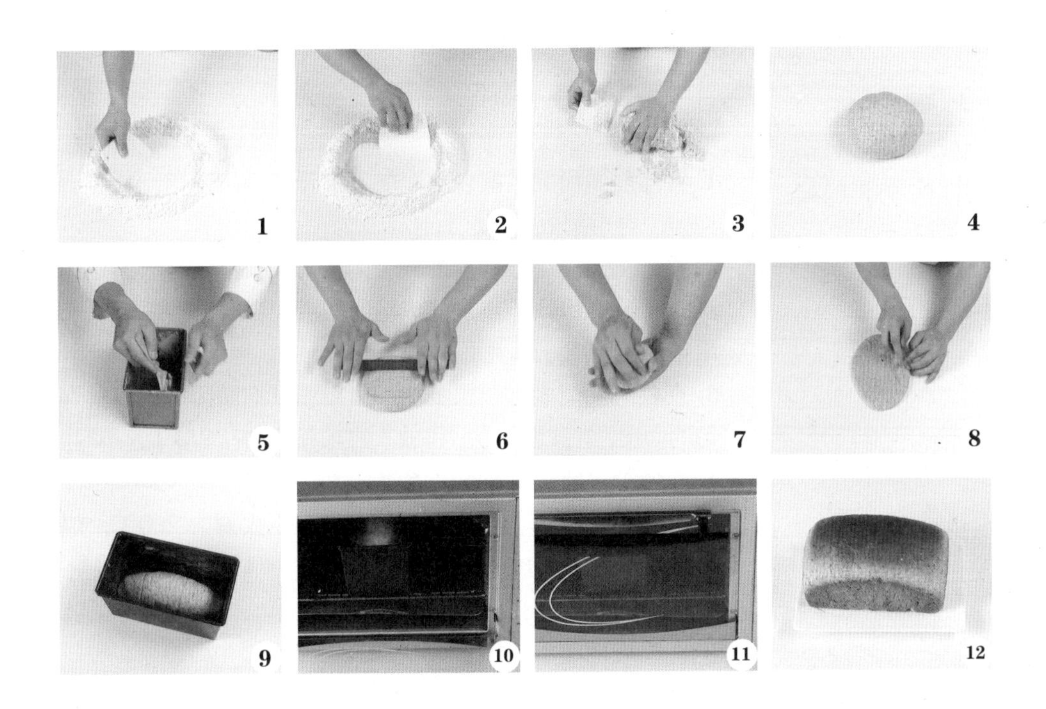

「牛奶吐司」

烤制时间： 20 分钟

看视频学烘焙

原料 Material

高筋面粉---250 克
酵母------------4 克
牛奶------100 毫升
奶粉---------- 10 克
黄油---------- 35 克
细砂糖------- 50 克
鸡蛋------------1 个

工具 Tool

刮板，刷子，烤箱，擀面杖，方形模具，电子秤

做法 Make

1. 将高筋面粉倒在案台上，加入酵母、奶粉，用刮板混合均匀，再用刮板开窝。

2. 倒入鸡蛋、细砂糖，加入牛奶，加入黄油，拌入窝边的高筋面粉，混合均匀，揉搓成湿面团，再揉搓成光滑的面团。用电子秤称取 350 克面团。

3. 在模具四周刷上一层黄油。用擀面杖把面团擀成厚薄均匀的面皮，卷成圆筒状，再放入方形模具中，发酵 1.5 小时。

4. 取烤箱，把发酵好的生坯放入烤箱中。

5. 关上烤箱门，上火调为 170 ℃，下火调为 200℃，烘烤时间设为 20 分钟，烘烤至熟。

6. 打开烤箱门，把烤好的牛奶吐司取出，脱模，把牛奶吐司装入盘中即可。

「鲜奶油吐司」

烤制时间：30 分钟

看视频学烘焙

原料 Material

高筋面粉---500 克
黄油---------- 70 克
奶粉---------- 20 克
细砂糖------100 克
盐---------------5 克
鸡蛋---------- 50 克
酵母------------8 克
打发鲜奶油- 45 克
水---------200 毫升

工具 Tool

刮板，裱花嘴，吐司模具，裱花袋，擀面杖，烤箱，剪刀，刷子，玻璃碗，保鲜膜

做法 Make

1. 细砂糖、水倒入玻璃碗中，搅拌至糖溶化。

2. 高筋面粉、酵母、奶粉倒在案台上，用刮板开窝，加糖水混匀，加鸡蛋、黄油、适量盐，揉搓成光滑面团，用保鲜膜将面团包好，静置 10 分钟。

3. 面团用手压扁，擀成面皮，卷成橄榄状，放入刷有黄油的吐司模具里，常温发酵 1.5 小时后盖上盖，放入烤箱中。

4. 以上、下火 190℃烘烤 30 分钟至熟。

5. 打开箱门，将烤好的吐司取出，打开盖子，将吐司脱模，把吐司切成两块，待用。

6. 将奶油装入套有裱花嘴的裱花袋里，把奶油挤在吐司切面上，将鲜奶油吐司装盘即可。

「全麦吐司」

烤制时间：25 分钟

看视频学烘焙

原料 Material

高筋面粉---195 克
全麦面粉---100 克
酵母------------4 克
水---------210 毫升
盐---------------3 克
细砂糖-------25 克
黄油---------25 克

工具 Tool

玻璃碗，刮板，吐司模具，擀面杖，烤箱，刷子

做法 Make

1. 把高筋面粉、全麦面粉、细砂糖倒入玻璃碗中，搅拌均匀。

2. 加入盐、酵母，继续搅拌均匀。

3. 分多次加入水进行搅拌，再加入黄油，揉合均匀成面团。

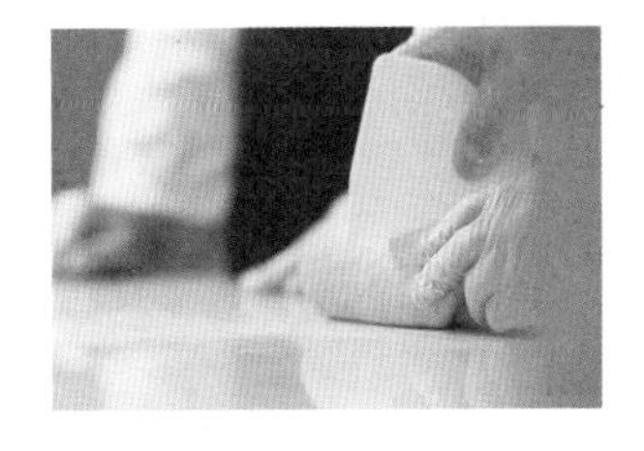

4. 用刮板把面团分割成每份约 130 克的小份面团并用擀面杖把面团整形。

5. 把面团放入刷好黄油的吐司模具中。

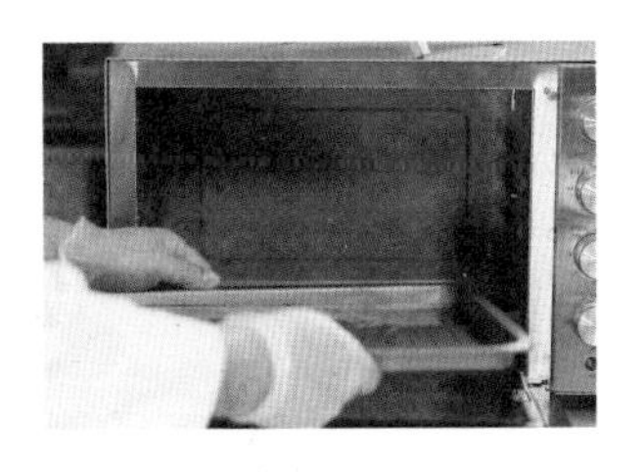

6. 在烤箱下层放入装好水的烤盘，预热烤箱。

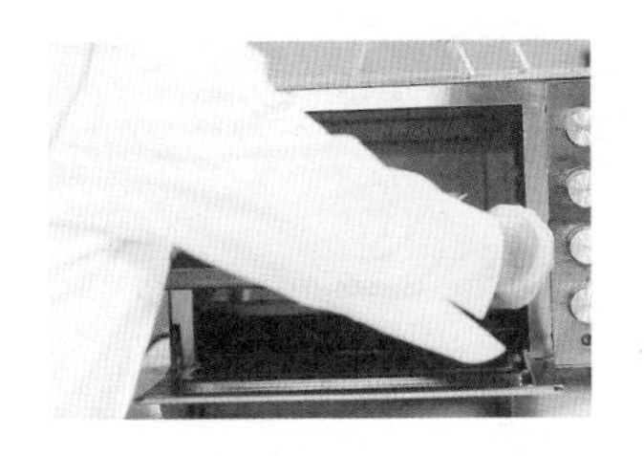

7. 烤箱保持 30℃左右的温度，把放着面团的烤盘放进烤箱中层进行发酵约 30 分钟。

8. 取出发酵好的面团，放入烤箱以上火 150℃、下火 170℃，烘烤约 25 分钟，取出烤好的吐司装盘即可。

看视频学烘焙

「鸡蛋吐司」

烤制时间：20 分钟

原料 Material

高筋面粉---280 克
酵母------------4 克
水---------- 85 毫升
奶粉---------- 10 克
黄油---------- 25 克
细砂糖------- 40 克
鸡蛋------------2 个
盐---------------2 克

工具 Tool

刮板，刷子，烤箱，方形模具

做法 Make

1. 把高筋面粉倒在案台上，加入奶粉、酵母、盐。
2. 用刮板混合均匀，再用刮板开窝。
3. 倒入鸡蛋、细砂糖，搅匀。
4. 倒入清水，搅拌均匀。
5. 加入黄油，拌入高筋面粉，搓成湿面团。
6. 揉搓成光滑的面团，把面团分成三等份，搓成圆形。
7. 取方形模具，里侧四周刷上一层黄油。
8. 将三个面团放入模具中，常温 1.5 小时发酵。
9. 生坯发酵，约至为原面团体积的 2 倍大，准备烘烤。
10. 取烤箱，把发酵好的生坯放入烤箱中。
11. 关上烤箱门，上火调为 170 ℃， 下火调为 200℃，烘烤 20 分钟至熟。
12. 打开烤箱门，把烤好的鸡蛋吐司取出。

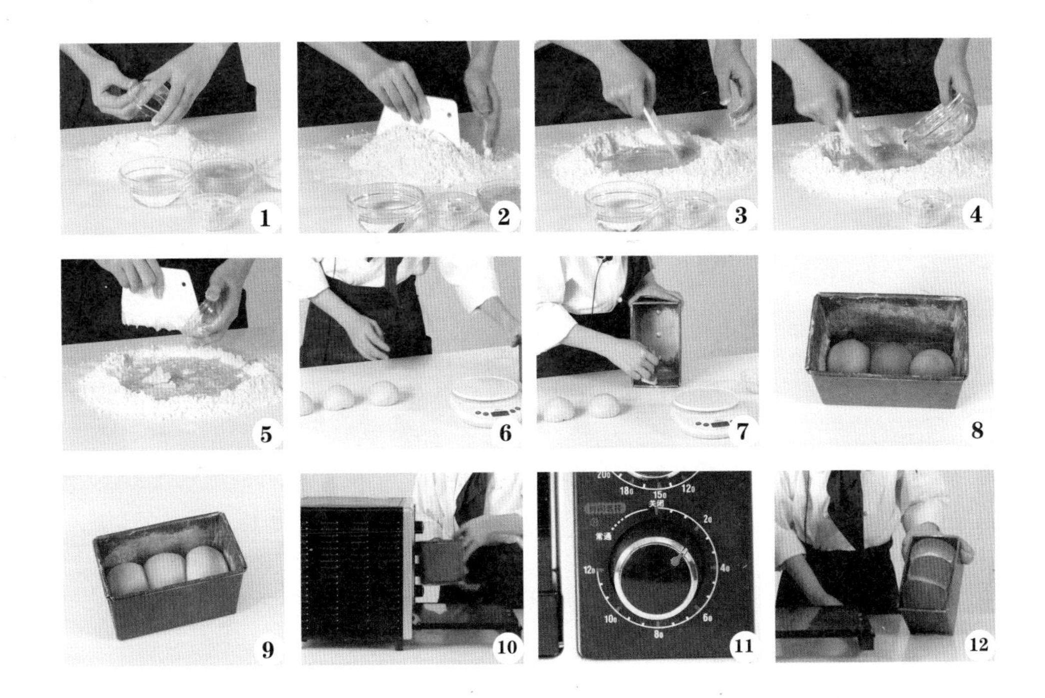

「葡萄干炼奶吐司」

烤制时间：25 分钟

看视频学烘焙

原料 Material

高筋面粉---350 克
酵母------------4 克
牛奶---------190 克
鸡蛋------------1 个
盐---------------4 克
细砂糖------- 45 克
黄油---------- 35 克
葡萄干------- 70 克
炼乳---------- 35 克

工具 Tool

刮板，刀片，烤箱，擀面杖，方形模具

做法 Make

1. 往案台上倒入高筋面粉，用刮板开窝。

2. 加入牛奶、细砂糖、酵母，倒入盐、炼乳，刮入面粉，揉匀，放入鸡蛋，揉匀，倒入黄油，稍拌匀，将混合物揉匀至纯滑面团。

3. 取一半面团，用擀面杖稍擀平制成面饼，倒上葡萄干，稍稍按压，卷起面饼，用刀片在表面斜划三个口，制成吐司生坯。

4. 备好方形模具，放入生坯，发酵约 90 分钟至原来 2 倍大。

5. 将发酵好的生坯放入烤箱，温度调至上、下火 170℃，烤 25 分钟至熟。

6. 取出模具，将烤好的吐司脱模、装盘即可。

「全麦黑芝麻吐司」

烤制时间： 25 分钟

看视频学烘焙

原料 Material

高筋面粉---310 克
全麦面粉---- 40 克
细砂糖------- 42 克
奶粉---------- 15 克
鸡蛋------------1 个
干酵母---------4 克
黄油---------- 30 克
黑芝麻------- 40 克
水---------175 毫升

工具 Tool

方形模具，刮板，擀面杖，烤箱，电子秤

做法 Make

1. 案台上倒入高筋面粉、全麦面粉、干酵母，加入奶粉、黑芝麻，用刮板开窝。

2. 倒入细砂糖、水，稍拌匀，加入鸡蛋，搅匀，刮入面粉，稍揉匀，加入黄油，稍揉匀，将混合物揉成面团。

3. 取 450 克面团，用擀面杖将其略擀平，制成面饼，将面饼卷好，制成吐司生坯。

4. 将生坯放入方形模具内，发酵约 90 分钟至原来 2 倍大。

5. 将发酵好的生坯放入烤箱，温度调至上、下火 170℃，烤 25 分钟至熟。

6. 取出模具，将烤好的吐司脱模、装盘即可。

「土豆亚麻籽吐司」

烤制时间：25 分钟

看视频学烘焙

原料 Material

高筋面粉---500 克
黄油---------- 70 克
奶粉---------- 20 克
细砂糖------100 克
盐---------------5 克
鸡蛋---------- 50 克
酵母------------8 克
土豆泥------- 60 克
亚麻籽-------- 适量
水---------200 毫升

工具 Tool

刮板，搅拌器，方形模具，擀面杖，烤箱，刷子，玻璃碗，保鲜膜

做法 Make

1. 细砂糖、水倒入碗中，搅拌至糖溶化。高筋面粉、酵母、奶粉刮板开窝，倒入糖水，混合均匀。

2. 将材料按压成形，加入鸡蛋，将材料混合均匀，揉搓成面团。

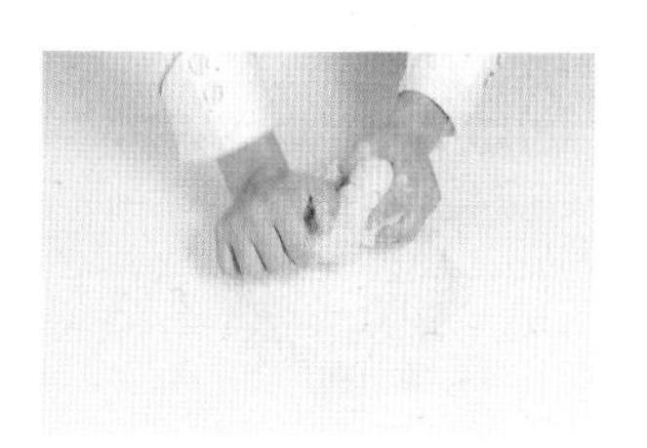

3. 将面团稍微拉平，倒入黄油，揉搓均匀，加入适量盐，揉搓成光滑的面团。

4. 用保鲜膜将面团包好，静置 10 分钟。

5. 取适量面团，压扁，用擀面杖擀平成面饼，加入土豆泥，铺匀，将其卷成橄榄状生坯。

6. 生坯放入刷有黄油的方形模具中，撒上亚麻籽，常温发酵 1.5 小时至原来 2 倍大。

7. 将装有生坯的模具放入预热好的烤箱中，上火 175 ℃、下火 200℃，烤 25 分钟至熟。

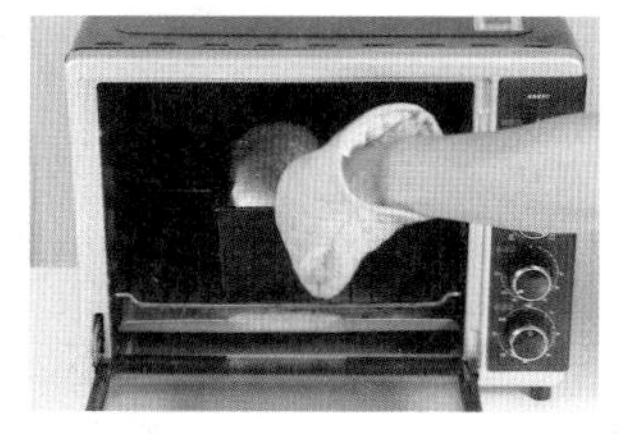

8. 取出模具，将烤好的吐司脱模、装盘即可。

看视频学烘焙

「蜂蜜吐司」

烤制时间：30 分钟

原料 Material

高筋面粉---500 克
黄油---------- 70 克
奶粉---------- 20 克
细砂糖------100 克
盐---------------5 克
鸡蛋------------1 个
水 --------200 毫升
酵母------------8 克
蜂蜜----------- 适量

工具 Tool

刮板，搅拌器，擀面杖，刷子，烤箱，保鲜膜，吐司模具，玻璃碗

做法 Make

1. 将细砂糖、水倒入玻璃碗中，搅拌至细砂糖溶化，待用。
2. 把高筋面粉、酵母、奶粉倒在案台上，用刮板开窝。
3. 倒入备好的糖水，将材料混合均匀，并按压成形。
4. 加入鸡蛋，将材料混合均匀，揉搓成面团。
5. 将面团稍微拉平，倒入黄油，揉搓均匀。
6. 加入适量盐，揉搓成光滑的面团。
7. 用保鲜膜将面团包好，静置 10 分钟。
8. 取适量面团，用手压扁，擀成面皮，再将面皮卷成橄榄状，制成生坯。
9. 把生坯放入抹有黄油的模具中，使其常温发酵 90 分钟。
10. 将烤箱上下火温度均调为 190℃，预热 5 分钟。
11. 将生坯放入烤箱，烘烤 30 分钟至熟。
12. 取出模具，将烤好的面包脱模，装入盘中，刷上适量蜂蜜即可。

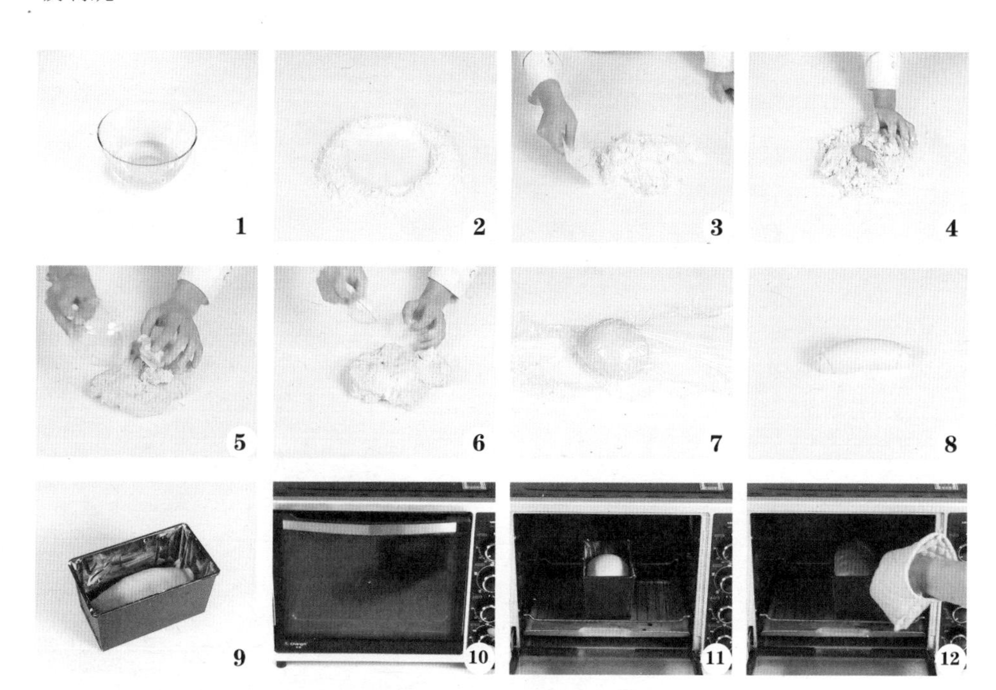

「莲蓉吐司」

烤制时间：25 分钟

看视频学烘焙

原料 Material

高筋面粉---500 克
黄油 --------- 70 克
奶粉---------- 20 克
细砂糖------100 克
盐--------------5 克
鸡蛋---------- 50 克
水---------200 毫升
酵母-----------8 克
莲蓉馅------- 50 克
沙拉酱-------- 适量

工具 Tool

刮板，方形模具，搅拌器，裱花袋，擀面杖，剪刀，小刀，刷子，烤箱，保鲜膜，玻璃碗

做法 Make

1. 将细砂糖、水倒入碗中，搅拌至糖溶化。

2. 把高筋面粉、酵母、奶粉倒在面板上，用刮板开窝，倒入糖水混匀，并按压成形。

3. 加鸡蛋揉成面团，拉平，放入黄油搓匀。

4. 加入适量盐，搓至纯滑，用保鲜膜将面团包好，静置 10 分钟去膜，称 450 克的面团。

5. 将面团压平，放入莲蓉馅，包好，搓匀，用擀面杖擀薄，用小刀依次在上面划几刀。

6. 将面皮翻面，卷成卷，放入刷好黄油的方形模具中发酵。

7. 将沙拉酱装入裱花袋中，用剪刀剪开尖角，挤在面团上。

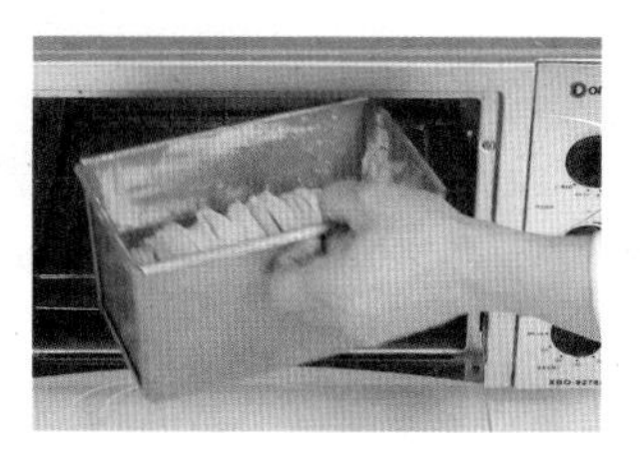

8. 以上火 160 ℃、下火 220℃预热烤箱后，放入模具烤至面包熟透即可。

Part 4

丹麦面包篇

丹麦面包又称起酥起层面包，因其发源地是维也纳，人们也称之为维也纳面包。因口感酥软、层次分明、奶香味浓，深受人们喜爱。本章选取了21款经典丹麦面包，手把手教您做。吃着自己亲手做出来的丹麦面包，回味无穷。从此，做任何复杂的面包都能轻松应对了。

看视频学烘焙

「丹麦羊角面包」

烤制时间：15 分钟

原料 Material

高筋面粉---170 克
低筋面粉---- 30 克
细砂糖------- 50 克
黄油---------- 20 克
奶粉---------- 12 克
盐---------------3 克
干酵母---------5 克
水---------- 88 毫升
片状酥油---- 70 克
蜂蜜---------- 40 克
鸡蛋------------2 个

工具 Tool

玻璃碗，刮板，擀面杖，刀，油纸，烤箱，刷子，冰箱

做法 Make

1. 将低筋面粉倒入装有高筋面粉的玻璃碗中，混合匀。
2. 倒入奶粉、干酵母、盐，拌匀，倒在案台上，用刮板开窝。
3. 倒入水、细砂糖，搅拌均匀；放入 1 个鸡蛋，拌匀。
4. 将材料混匀，揉搓成湿面团；加入黄油，揉搓成光滑的面团。
5. 用油纸包好片状酥油，用擀面杖将其擀薄待用。
6. 将面团擀成薄片，放上酥油片，折叠，把面皮擀平。
7. 将三分之一的面皮折叠，再将剩下的折叠起来，冷藏 10 分钟。
8. 取出，继续擀平，将上述动作重复操作两次，制成酥皮。
9. 取适量酥皮，沿对角线切成两块三角形的酥皮，用擀面杖将酥皮三角形擀平擀薄，卷成橄榄状生坯，发酵至 2 倍大。
10. 备好烤盘，放上橄榄状生坯，将其刷上一层蛋液。
11. 烤盘放入预热好的烤箱中，上下火 200℃，烤 15 分钟至熟。
12. 取出烤盘，在烤好的面包上刷上一层蜂蜜即可。

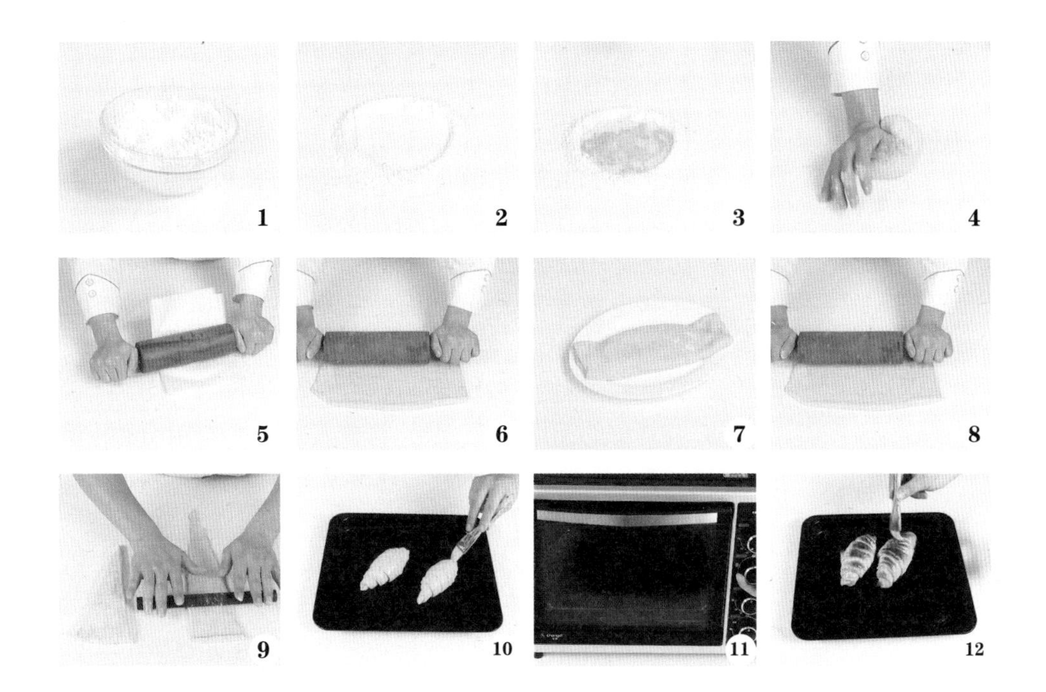

「丹麦条」

烤制时间： 15 分钟

原料 Material

高筋面粉---170 克
低筋面粉---- 30 克
黄油---------- 20 克
鸡蛋---------- 40 克
片状酥油---- 70 克
水---------- 80 毫升
细砂糖------- 50 克
酵母------------ 4 克
奶粉---------- 20 克

工具 Tool

刮板，擀面杖，烤箱，冰箱

做法 Make

1. 将高筋面粉、低筋面粉、奶粉、酵母倒在面板上，拌匀开窝，倒入细砂糖、鸡蛋，拌匀，倒入清水，搅拌匀，再倒入黄油，一边翻搅一边按压，制成表面平滑的面团。

2. 面板上撒上干粉，用擀面杖将揉好的面团擀制成长形面片，放入片状酥油，将另一侧面片覆盖，把四周的面片封紧，擀至里面的酥油分散均匀。

3. 将擀好的面片叠成三层，再放入冰箱冰冻 10 分钟，取出后继续擀薄，依此擀薄、冰冻反复进行三次。再取出面片擀薄擀大，分切成长方形的面片。

4. 将面片依次切成连着的三条，编成麻花辫形放入烤盘中，发酵至两倍大。将烤盘放入预热好的烤箱内，上火调为 200℃，下火调为 190℃，时间定为 15 分钟至面包松软即可。

「金砖」

烤制时间：20 分钟

看视频学烘焙

原料 Material

高筋面粉---170 克
低筋面粉---- 30 克
细砂糖------- 50 克
黄油---------- 20 克
奶粉---------- 12 克
盐---------------3 克
酵母------------5 克
水---------- 88 毫升
鸡蛋---------- 40 克
片状酥油---- 70 克
蜂蜜----------- 适量

工具 Tool

刮板，模具，擀面杖，刀子，刷子，油纸，烤箱，玻璃碗，冰箱

做法 Make

1. 将低筋面粉倒入装有高筋面粉的碗中，拌匀，放入奶粉、酵母、盐，拌匀，倒在案台上。

2. 开窝，倒入水、细砂糖、鸡蛋拌匀，加黄油，混匀，搓成纯滑的面团。

3. 片状酥油放油纸上，将油纸对折，把酥油擀成薄片。

4. 将面团擀平，放酥油片，盖好，擀平。

5. 将面片对折两次，放入冰箱，冷藏 10 分钟，取出擀平，重复上述步骤三次。

6. 取出面皮，用刀子将四周修平整。

7. 放入刷有黄油的模具发酵中 90 分钟。将模具放入烤箱，以上火 170℃、下火 190℃烤 20 分钟。

8. 取出烤好的面包，脱模，装盘，刷上蜂蜜即可。

看视频学烘焙

「肉松起酥面包」

烤制时间：15 分钟

原料 Material

高筋面粉---170 克
低筋面粉---- 30 克
细砂糖------- 50 克
黄油---------- 20 克
奶粉---------- 12 克
盐--------------- 3 克
干酵母--------- 5 克
水---------- 88 毫升
片状酥油---- 70 克
肉松---------- 30 克
鸡蛋------------ 2 个
黑芝麻-------- 适量

工具 Tool

玻璃碗，刮板，油纸，擀面杖，烤箱，刷子，冰箱

做法 Make

1. 将低筋面粉倒入装有高筋面粉的玻璃碗中，混合匀。

2. 倒入奶粉、干酵母、盐，拌匀，倒在案台上，用刮板开窝。

3. 倒入水、细砂糖，搅拌均匀；放入鸡蛋 1 个，拌匀。

4. 将材料混合均匀，揉搓成湿面团；加入黄油，揉搓成光滑的面团。

5. 用油纸包好片状酥油，用擀面杖将其擀薄，待用。

6. 将面团擀成薄片制成面皮，放上酥油片，将面皮折叠，再把面皮擀平。

7. 先将三分之一的面皮折叠，再将剩下的折叠起来，放入冰箱冷藏 10 分钟。

8. 取出，继续擀平，将上述动作重复操作两次，制成酥皮。

9. 取适量酥皮，将其边缘切平整，刷上一层蛋液，铺一层肉松，将酥皮对折，其中一面刷上一层蛋液。

10. 撒上适量黑芝麻，制成面包生坯，放入烤盘，发酵至 2 倍大。

11. 烤盘放入预热好的烤箱中，上下火 200℃，烤 15 分钟至熟。

12. 取出烤盘，将烤好的面包装盘即可。

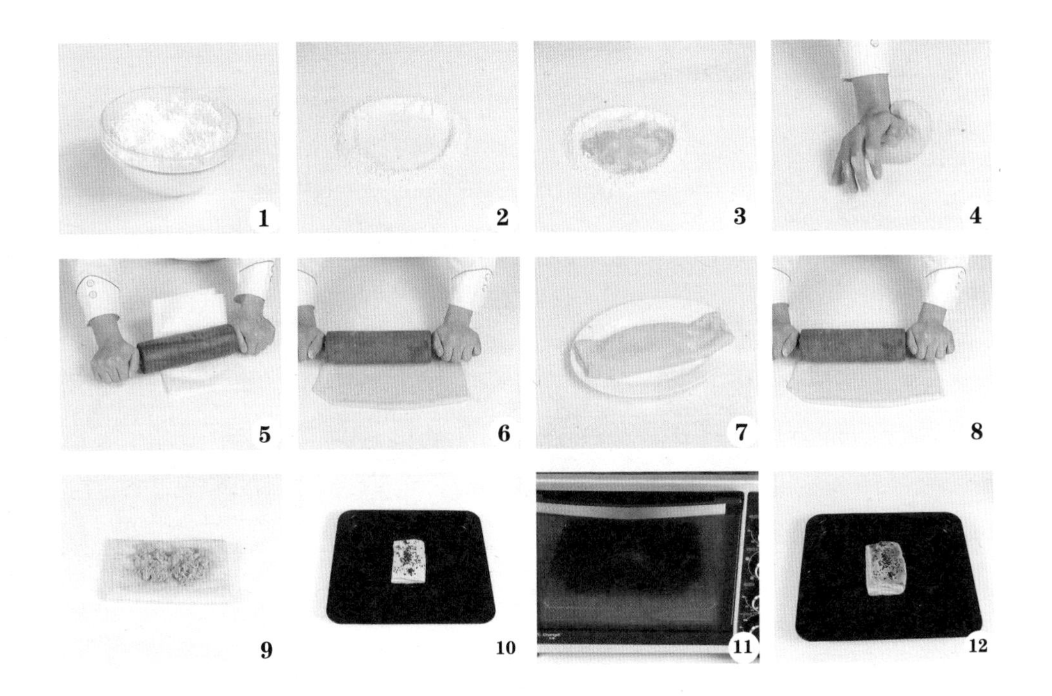

看视频学烘焙

「丹麦腊肠面包」

烤制时间： 15 分钟

原料 Material

高筋面粉---170 克
低筋面粉---- 30 克
细砂糖------- 50 克
黄油---------- 20 克
奶粉---------- 12 克
盐---------------3 克
干酵母---------5 克
水---------- 88 毫升
片状酥油---- 70 克
腊肠------------1 根
鸡蛋------------2 个

工具 Tool

玻璃碗，刮板，油纸，擀面杖，刷子，烤箱，冰箱

做法 Make

1. 将低筋面粉倒入装有高筋面粉的玻璃碗中，混合匀，倒入奶粉、干酵母、盐，拌匀，倒在案台上，用刮板开窝。

2. 倒入水、细砂糖，搅拌均匀，放入1个鸡蛋，拌匀，将材料混合均匀，揉搓成湿面团，加入黄油，揉搓成光滑的面团。

3. 用油纸包好片状酥油，用擀面杖将其擀薄，待用。

4. 将面团擀成薄片，制成面皮，放上酥油片，将面皮折叠、擀平。

5. 将三分之一的面皮折叠，再将剩下的折叠起来，放入冰箱冷藏10分钟。

6. 取出，继续擀平，将上述动作重复操作两次，制成酥皮。

7. 取适量酥皮，将其边缘切平整，刷一层蛋液。将腊肠切成两段，放在酥皮上。

8. 将酥皮两端往中间对折，包裹住腊肠。

9. 将裹好的酥皮面朝下放置，制成面包生坯，并放入烤盘。

10. 生坯上刷上一层蛋液，发酵至2倍大。

11. 烤盘放入预热好的烤箱中，上下火200℃，烤15分钟至熟。

12. 取出烤盘，将烤好的面包装盘即可。

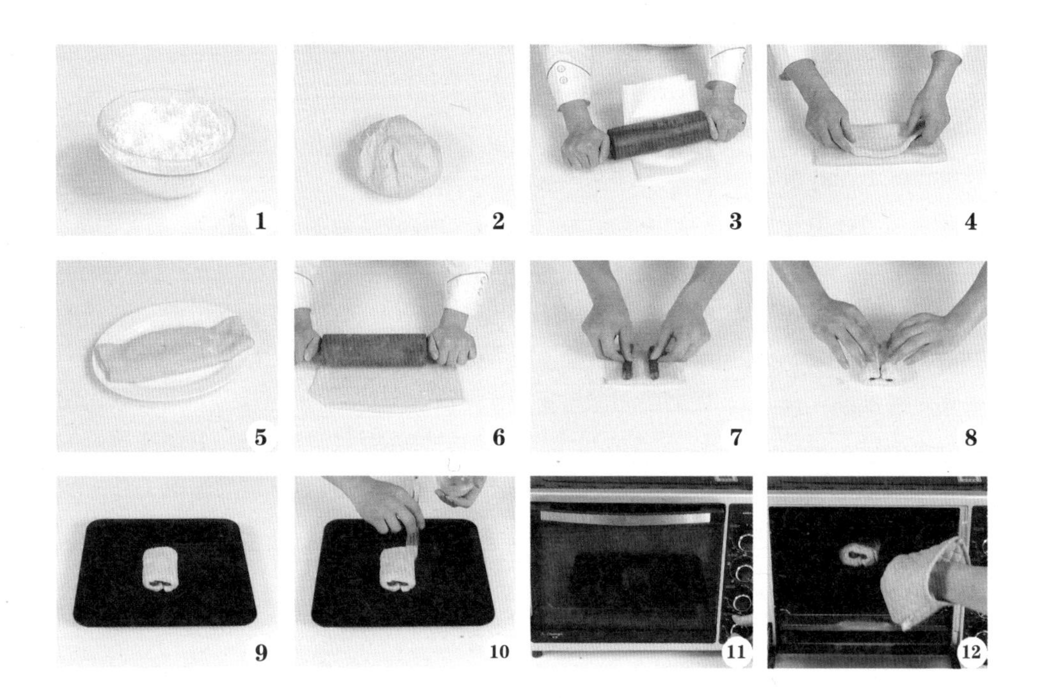

「焦糖香蕉可颂」

烤制时间：15 分钟

看视频学烘焙

原料 Material

高筋面粉---170 克
低筋面粉---- 30 克
细砂糖------- 50 克
黄油---------- 20 克
奶粉---------- 12 克
盐---------------3 克
干酵母---------5 克
鸡蛋---------- 40 克
香蕉肉------- 40 克
片状酥油---- 70 克
焦糖---------- 30 克
水---------- 88 毫升

工具 Tool

刮板，刷子，小刀，烤箱，玻璃碗，冰箱，擀面杖

做法 Make

1. 将低筋面粉倒入装有高筋面粉的碗中，拌匀，倒入奶粉、干酵母、盐，拌匀，倒在案台上。

2. 用刮板开窝，倒入水、细砂糖、鸡蛋，混合均匀，加入黄油，揉搓成光滑的面团，将面团擀成薄片。

3. 用擀面杖将片状酥油擀薄，放在面皮上，折叠，把面皮擀平，并折叠，放入冰箱冷藏 10 分钟后取出，继续擀平，将上述动作重复操作两次。

4. 取适量酥皮，用擀面杖擀薄，修整边缘，分切成等份三角块，把香蕉肉放在酥皮上，卷成羊角状，制成生坯，放入烤盘，常温发酵 1.5 小时。

5. 将发酵好的生坯放入预热好的烤箱中，上下火 190℃，烤 15 分钟后取出，刷上一层焦糖，装盘即可。

「丹麦热狗卷面包」

烤制时间：15 分钟

看视频学烘焙

原料 Material

高筋面粉---170 克
低筋面粉---- 30 克
细砂糖------- 50 克
黄油---------- 20 克
奶粉---------- 12 克
盐---------------3 克
干酵母---------5 克
鸡蛋------------2 个
片状酥油---- 70 克
香肠----------- 适量
水---------- 88 毫升

工具 Tool

玻璃碗，刮板，刷子，擀面杖，油纸，刀，冰箱，烤箱

做法 Make

1. 将低筋面粉倒入装有高筋面粉的碗中，倒入奶粉、干酵母、盐，拌匀，倒在案台上，用刮板开窝。

2. 倒入清水、细砂糖，放入鸡蛋，拌匀，揉搓成湿面团，加入黄油，揉搓成光滑的面团。

3. 用油纸包好片状酥油，用擀面杖将其擀薄。

4. 将面团擀薄，放上酥油片，将面皮折叠，擀平，先将三分之一的面皮折叠，再将剩下的折叠，放入冰箱冷藏 10 分钟取出，擀平，将上述动作重复操作两次，制成酥皮。

5. 取适量酥皮，用擀面杖稍稍擀平，切成两个方块，酥皮边上放入香肠，将酥皮卷裹住香肠，放入烤盘，分别刷上一层蛋液，制成面包生坯。

6. 将生坯放入预热好的烤箱中，上、下火 200℃，烤 15 分钟至熟，取出装入盘中即可。

看视频学烘焙

「丹麦果仁包」

烤制时间：20 分钟

原料 Material

面包体部分

高筋面粉---170 克
低筋面粉---- 30 克
细砂糖------- 50 克
黄油---------- 20 克
奶粉---------- 12 克
盐---------------3 克
干酵母---------5 克
水---------- 88 毫升
鸡蛋---------- 40 克
片状酥油---- 70 克
葵花子------- 30 克
花生碎------- 40 克

装饰部分

杏仁片-------- 适量
糖粉----------- 适量

工具 Tool

玻璃碗，刮板，筛网，油纸，擀面杖，模具，烤箱，小刀，冰箱

做法 Make

1. 将低筋面粉倒入装有高筋面粉的玻璃碗中，混合匀，倒入奶粉、干酵母、盐，拌匀，倒在案台上，用刮板开窝。

2. 倒入水、细砂糖，搅拌均匀；放入鸡蛋，拌匀，将材料混匀，揉成面团；加入黄油，揉搓成光滑的面团。

3. 用油纸包好片状酥油，用擀面杖将其擀薄，待用。

4. 将面团擀成薄片，放上酥油片，将面皮折叠、擀平。

5. 先将三分之一的面皮折叠，再将剩下的折叠起来，放入冰箱冷藏 10 分钟。

6. 取出，继续擀平，将上述动作重复操作两次。

7. 取适量酥皮，用擀面杖擀薄，铺上葵花子，再铺上花生碎。

8. 纵向将酥皮对折，中间用小刀切开一道口子，拧成麻花形，再盘成花环状。

9. 放入模具里，撒上杏仁片，常温 1.5 小时发酵。

10. 将发酵好的生坯放入预热好的烤箱，上火 180℃，下火 200℃，烘烤 20 分钟至熟。

11. 戴上手套，打开箱门，将烤好的面包取出。

12. 面包脱模后装盘，将适量糖粉过筛，撒在面包上即可。

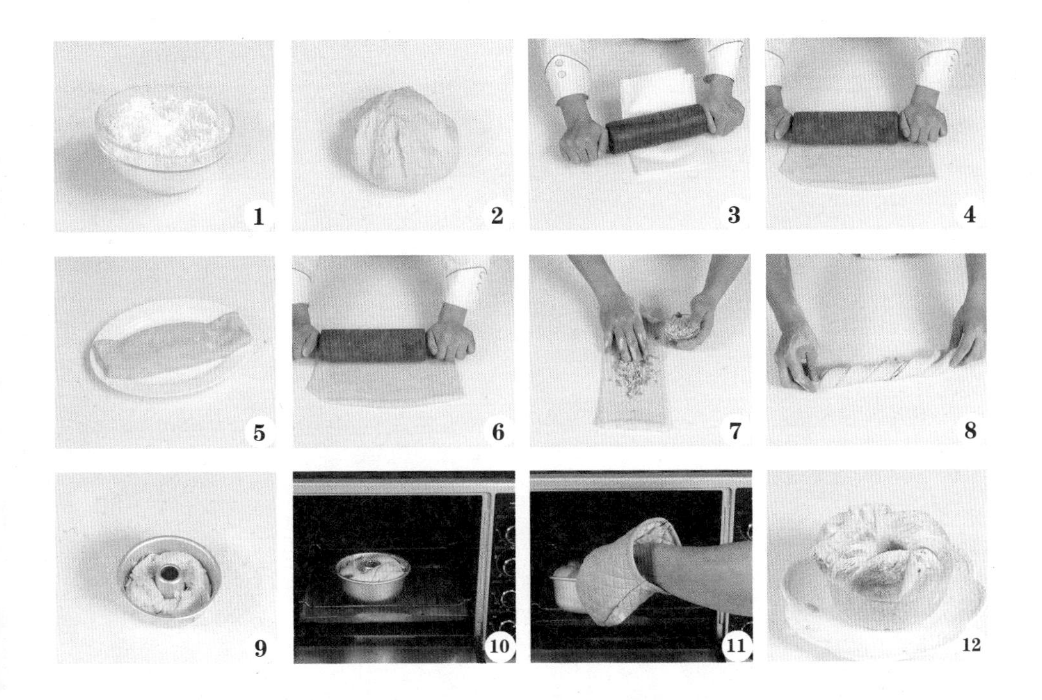

「情丝面包」

烤制时间：15 分钟

看视频学烘焙

原料 Material

高筋面粉---670 克
低筋面粉---- 30 克
黄油---------- 90 克
奶粉---------- 32 克
细砂糖------150 克
盐--------------- 8 克
鸡蛋------------2 个
酵母------------8 克
干酵母---------5 克
片状酥油---- 70 克
水---------288 毫升

工具 Tool

刮板，刀，烤箱，搅拌器，擀面杖，保鲜膜，电子秤，冰箱，烤箱

做法 Make

1. 将 100 克细砂糖倒入碗中，加入 200 毫升水拌匀，制成糖水 500 克高筋面粉倒在案台上，加入酵母、20 克奶粉拌匀。

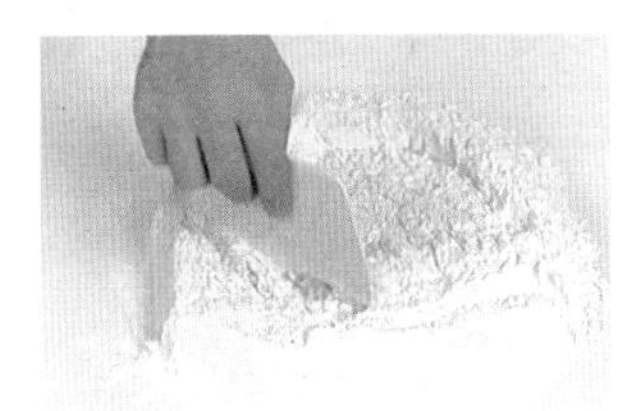

2. 加入糖水、1 个鸡蛋、70 克黄油、5 克盐拌匀，揉成光滑面团，用保鲜膜裹好，静置 10 分钟。

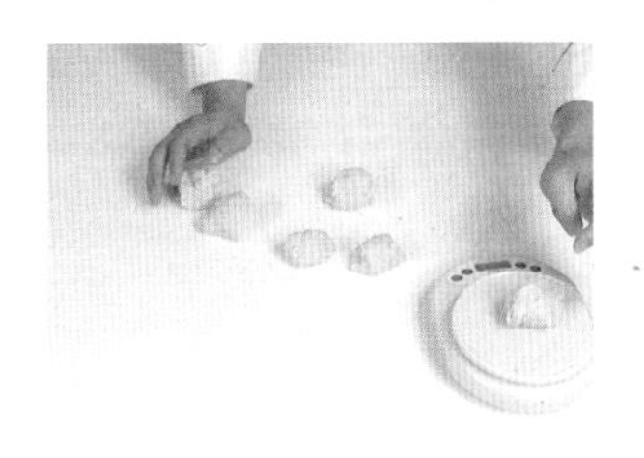

3. 去掉保鲜膜，把面团搓成条状，用刮板切出数个大小相同的小剂子，擀平，依次卷成橄榄状。

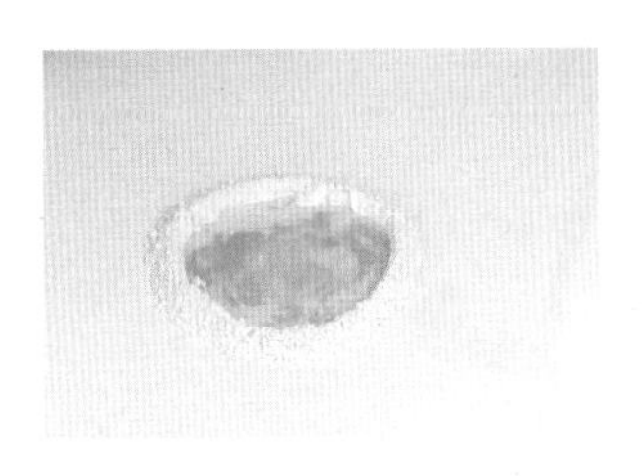

4. 取剩余高筋面粉，加入低筋面粉、12 克奶粉、干酵母、3 克盐，拌匀后倒在案台上，开窝。

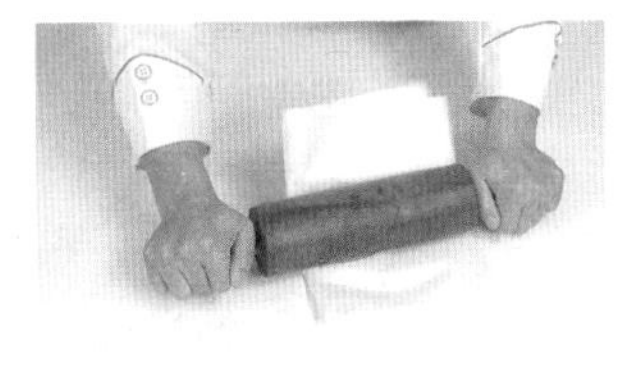

5. 倒入 88 毫升水、55 克细砂糖、1 个鸡蛋拌匀，加入 20 克黄油，揉成光滑面团，擀成薄片，放上擀薄的片状酥油，擀平。

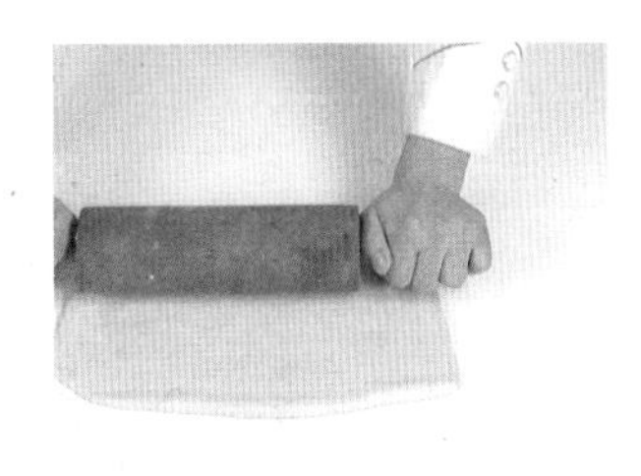

6. 将面皮折叠，放入冰箱冷藏 10 分钟后，取出面皮擀平，依此重复操作两次，制成酥皮。

7. 将酥皮切出 2 条，改切成 4 段，放在生坯上，将生坯放入烤箱，在常温下发酵 90 分钟。

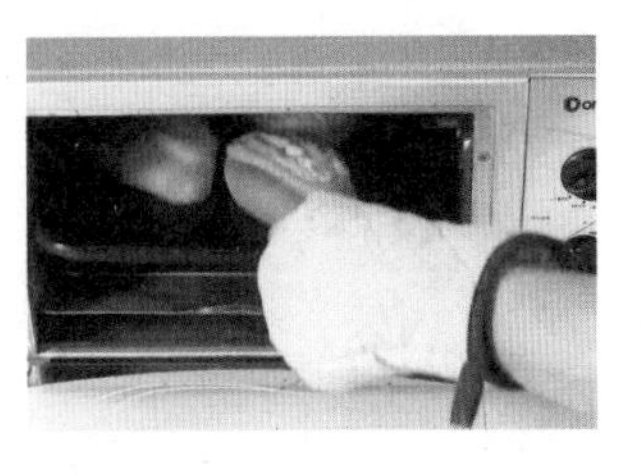

8. 把生坯放入预热好的烤箱里，上下火 190℃，烤 15 分钟至熟。

看视频学烘焙

「丹麦樱桃面包」

烤制时间：15 分钟

原料 Material

高筋面粉---170 克
低筋面粉---- 30 克
细砂糖------- 50 克
黄油---------- 20 克
奶粉---------- 12 克
盐---------------3 克
干酵母---------5 克
水---------- 88 毫升
鸡蛋---------- 40 克
片状酥油---- 70 克
樱桃、糖粉各适量

工具 Tool

玻璃碗，刮板，圆形模具，油纸，擀面杖，烤箱，冰箱

做法 Make

1. 将低筋面粉倒入装有高筋面粉的玻璃碗中，混合匀。

2. 倒入奶粉、干酵母、盐，拌匀，倒在案台上，用刮板开窝。

3. 倒入水、细砂糖，搅拌均匀；放入鸡蛋，拌匀。

4. 将材料混匀，揉成湿面团；加入黄油，揉搓成光滑的面团。

5. 用油纸包好片状酥油，用擀面杖将其擀薄，待用。

6. 将面团擀成薄片，放上酥油片，将面皮折叠、擀平。

7. 将三分之一的面皮折叠，再将剩下的折叠起来，冷藏 10 分钟。

8. 取出，继续擀平，将上述动作重复操作两次，制成酥皮。

9. 取适量酥皮，用圆形模具压制出两个圆形饼坯，取其中一圆形饼坯，用小一号圆形模具压出一道圈后取下。

10. 将圆圈饼坯放在圆形饼坯上方，制成面包生坯。

11. 备好烤盘，放上生坯，发酵至 2 倍大，生坯中放上适量樱桃。

12. 预热烤箱，温度调至上下火 200℃，放入烤盘，烤 15 分钟至熟。取出烤盘，将烤好的面包装盘，撒上适量糖粉即可。

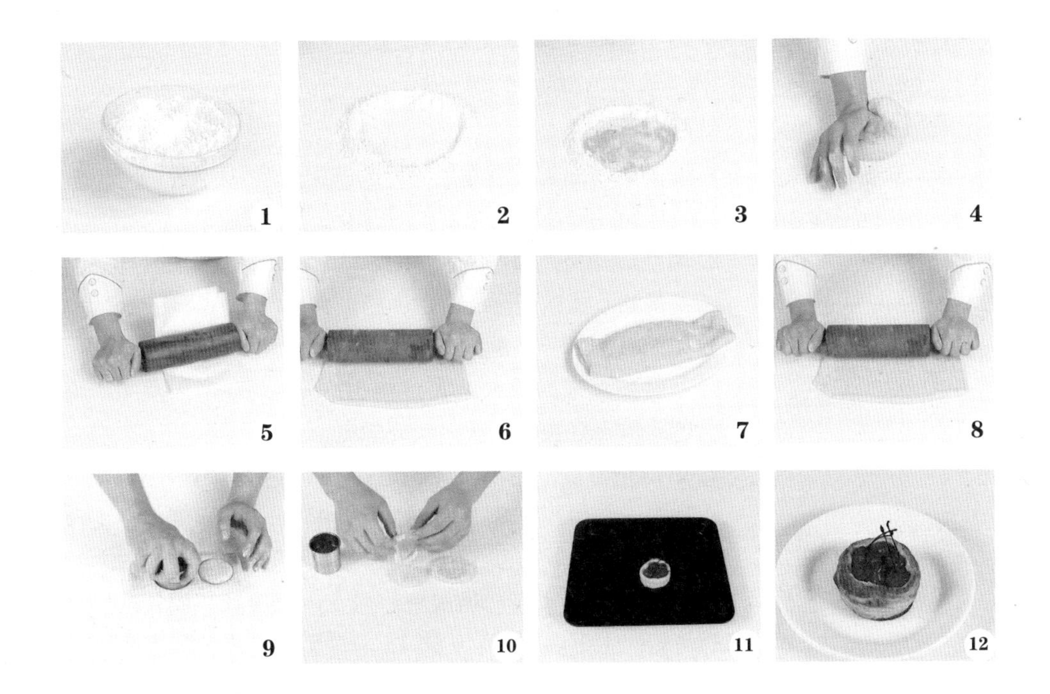

「丹麦千层面包」

烤制时间：15 分钟

看视频学烘焙

原料 Material

高筋面粉---170 克
低筋面粉---- 30 克
细砂糖------- 50 克
黄油---------- 20 克
奶粉---------- 12 克
盐---------------3 克
干酵母---------5 克
白糖-----------40 克
片状酥油---- 70 克
鸡蛋-----------2 个
水---------- 88 毫升

工具 Tool

烤箱，刮板，刷子，油纸，擀面杖，小刀，冰箱，玻璃碗

做法 Make

1. 低筋面粉倒入装有高筋面粉的碗中，倒入奶粉、干酵母、盐，拌匀，倒在案台上。

2. 用刮板开窝，加入清水、细砂糖、1 个鸡蛋，混合均匀，加入黄油，揉成光滑的面团，擀成面皮。

3. 用油纸包好片状酥油，擀薄后放在面皮上，将面皮折叠，擀平后叠起来，放入冰箱冷藏 10 分钟，取出，擀平，将上述动作重复操作两次，制成酥皮。

4. 取适量酥皮，用小刀将四边修平整，切成两个小方块，取其中一块酥皮，刷上一层蛋液，将另一块酥皮叠在上一块酥皮表面，制成面包生坯，放入烤盘。

5. 在面包生坯上刷一层蛋液，撒上一层白糖，放入预热好的烤箱，上下火 200℃，烤 15 分钟至熟，取出装盘即可。

「肉松起酥面包」

烤制时间： 15 分钟

看视频学烘焙

原料 Material

高筋面粉---170 克
低筋面粉---- 30 克
细砂糖------- 50 克
黄油---------- 20 克
奶粉---------- 12 克
盐---------------3 克
干酵母---------5 克
鸡蛋------------2 个
片状酥油---- 70 克
肉松---------- 30 克
黑芝麻-------- 适量
水---------- 88 毫升

工具 Tool

烤箱，玻璃碗，刮板，刷子，油纸，小刀，擀面杖，冰箱

做法 Make

1. 低筋面粉、高筋面粉倒入碗中，加入奶粉、干酵母、盐，拌匀，倒在案台上，用刮板开窝，倒入水、细砂糖、1 个鸡蛋，混匀，加入黄油，揉成光滑的面团，用擀面杖擀制成面皮。

2. 用油纸包好片状酥油，用擀面杖将其擀薄，放在面皮上，将面皮折叠，擀平，再折叠起来，放入冰箱，冷藏 10 分钟。

3. 取出，擀平，上述动作重复操作两次，制成酥皮。

4. 取适量酥皮，用小刀将其边缘切平整，将修平整的酥皮刷上一层蛋液，再铺上一层肉松。

5. 将酥皮对折，一面刷上一层蛋液，撒上适量黑芝麻，制成面包生坯。

6. 将面包生坯放入烤盘，推入预热好的烤箱中，上下火 200℃，烤 15 分钟至熟，取出烤好的面包即可。

看视频学烘焙

「火腿可颂」

烤制时间： 15 分钟

原料 Material

高筋面粉---170 克
低筋面粉---- 30 克
细砂糖------- 50 克
黄油---------- 20 克
奶粉---------- 12 克
盐----------------3 克
酵母-------------5 克
水---------- 88 毫升
鸡蛋---------- 40 克
片状酥油---- 70 克
火腿------------4 根
蜂蜜----------- 适量

工具 Tool

玻璃碗，刮板，擀面杖，量尺，油纸，刀，刷子，烤箱，冰箱

做法 Make

1. 将低筋面粉倒入装有高筋面粉的玻璃碗中，混合匀，倒入奶粉、酵母、盐拌均匀，倒在案台上，用刮板开窝。

2. 倒入水、细砂糖，搅拌均匀，放入鸡蛋，拌匀，将材料混合均匀，揉搓成面团，加入黄油，混合匀，揉搓成纯滑的面团。

3. 将片状酥油放在油纸上，对折油纸，略微压一下，再用擀面杖将片状酥油擀成薄片，待用。

4. 将面团擀成面皮，整理成长方形，放上酥油片，将面皮盖上酥油片，把面皮擀平。

5. 将面片对折两次，放入冰箱，冷藏 10 分钟后取出，继续擀平。

6. 对折两次，放入冰箱，冷藏 10 分钟后取出，再次擀平，继续对折两次，即成酥皮。

7. 用擀面杖将酥皮擀薄，将酥皮四周修整齐。

8. 用量尺量好，用刀切成长三角形。

9. 将火腿放到三角形酥皮底部，慢慢地卷成卷，制成火腿可颂生坯，放入烤盘发酵 90 分钟。

10. 将烤箱温度调为上、下火 190℃，烤 15 分钟至熟。

11. 从烤箱中取出烤盘，将烤好的火腿可颂装入盘中，在火腿可颂上刷上蜂蜜即可。

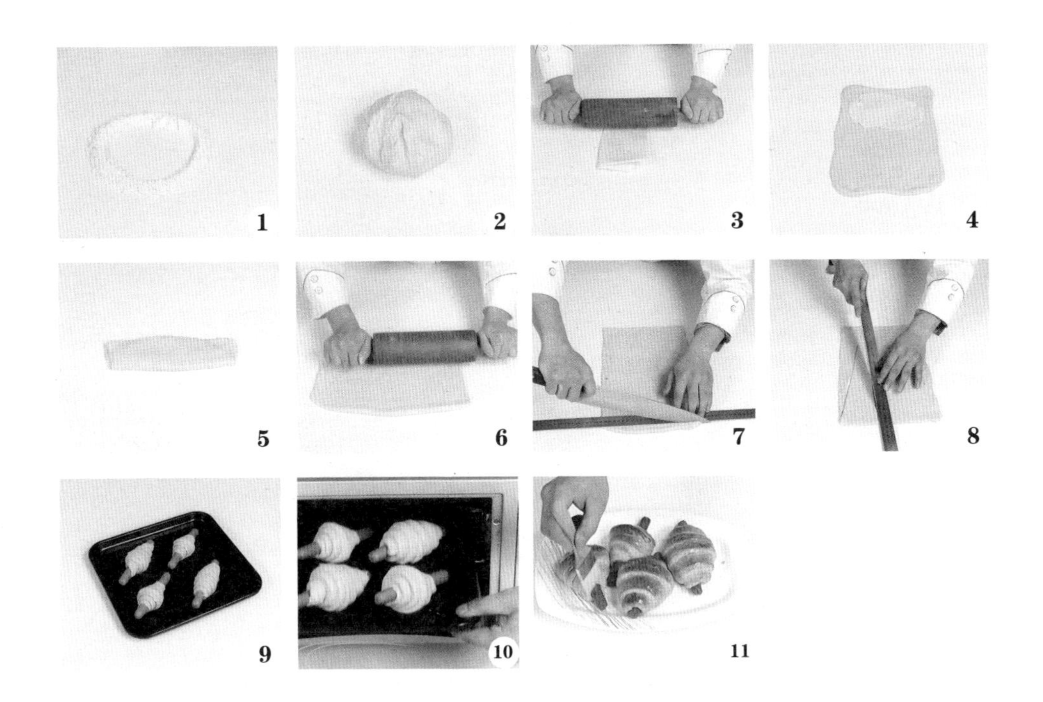

看视频学烘焙

「芝麻可颂」

烤制时间：15 分钟

原料 Material

高筋面粉---170 克
低筋面粉---- 30 克
细砂糖------- 50 克
黄油---------- 20 克
奶粉---------- 12 克
盐---------------3 克
酵母------------5 克
水---------- 88 毫升
鸡蛋---------- 40 克
片状酥油---- 70 克
黑芝麻-------- 少许
蜂蜜----------- 适量

工具 Tool

玻璃碗，刮板，擀面杖，量尺，刀子，刷子，油纸，烤箱，冰箱

做法 Make

1. 将低筋面粉倒入装有高筋面粉的玻璃碗中，混合匀，倒入奶粉、酵母、盐，拌匀。

2. 倒在案台上，用刮板开窝，倒入水、细砂糖，搅拌均匀，放入鸡蛋，拌匀。

3. 将材料混合均匀，揉搓成面团，加入黄油，混合匀，揉搓成纯滑面团。

4. 将片状酥油放在油纸上，对折油纸，略压一下，再用擀面杖将片状酥油擀成薄片，待用。

5. 将面团擀成面皮，整理成长方形，放上酥油片，将面皮盖上酥油片，把面皮擀平。

6. 将面片对折两次，放入冰箱，冷藏 10 分钟后取出，继续擀平。

7. 对折两次，放入冰箱，冷藏 10 分钟后取出，再次擀平，继续对折两次，即成酥皮。

8. 用擀面杖将酥皮擀薄，用量尺量好，将酥皮四周修整齐。

9. 切成三角形，在面皮上撒入少许黑芝麻，从底部卷起，慢慢地卷成卷，制成芝麻可颂生坯。

10. 把芝麻可颂生坯放入烤盘中，使其发酵 90 分钟。

11. 将烤盘放入烤箱，以上火 200°C、下火 200°C烤 15 分钟至熟。

12. 将烤好的芝麻可颂取出装盘，刷上适量蜂蜜即可。

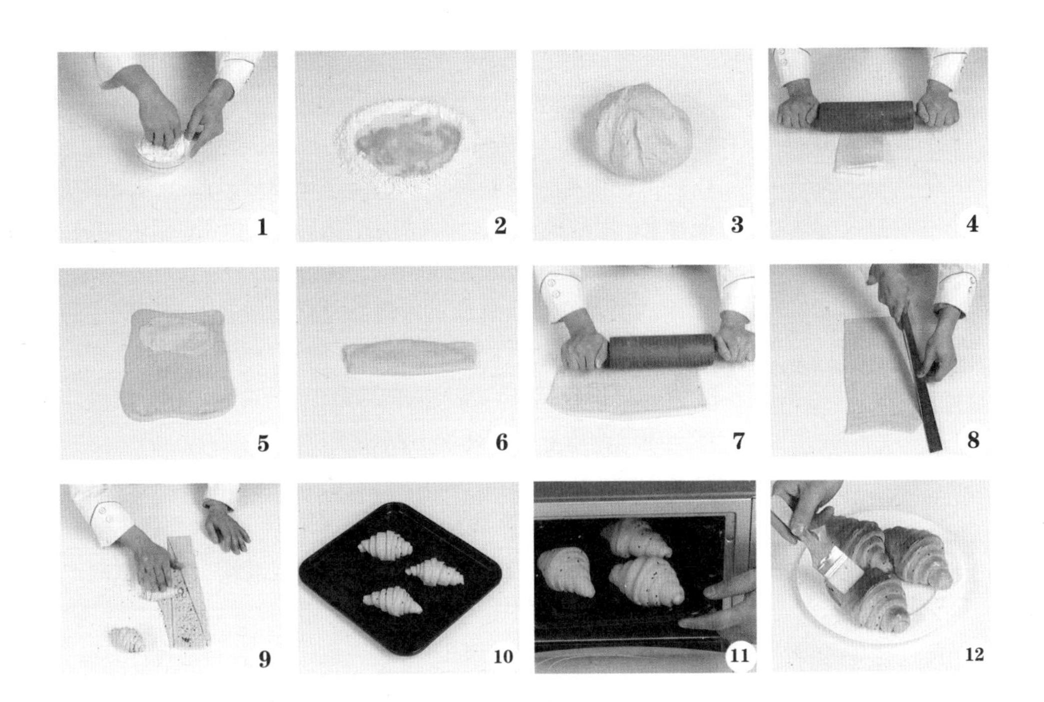

「杏仁起酥面包」

烤制时间：15 分钟

看视频学烘焙

原料 Material

高筋面粉---170 克
低筋面粉---- 30 克
细砂糖------- 50 克
黄油---------- 20 克
奶粉---------- 12 克
盐--------------- 3 克
干酵母--------- 5 克
鸡蛋------------ 2 个
片状酥油---- 70 克
杏仁片------- 40 克
水---------- 88 毫升

工具 Tool

烤箱，刮板，刷子，油纸，小刀，冰箱、擀面杖

做法 Make

1. 将低筋面粉、高筋面粉、奶粉、干酵母、盐拌匀，倒在案台上，用刮板开窝，加入清水、细砂糖、鸡蛋，混合均匀，加入黄油，揉搓成光滑的面团。

2. 用油纸包好片状酥油，用擀面杖将其擀薄。面团擀成薄片，放上酥油薄片，将面皮折叠，擀平。

3. 将面皮折叠起来，放入冰箱冷藏 10 分钟后取出，擀平，将上述动作重复操作两次，制成酥皮。

4. 案台撒上低筋面粉，取适量酥皮，将其切成两块长方条，修整边缘，分别将两块长方条扭成麻花状，制成面包生坯。

5. 面包生坯放入烤盘中，用刷子分别将其刷上一层蛋液，中央逐一撒上杏仁片，推入预热好的烤箱中。

6. 以上、下火 190℃烤 15 分钟。取出面包，装好盘即可。

「丹麦苹果面包」

烤制时间： 15 分钟

看视频学烘焙

原料 Material

高筋面粉---170 克
低筋面粉---- 30 克
奶油杏仁馅- 30 克
细砂糖------- 50 克
黄油---------- 20 克
奶粉---------- 12 克
盐---------------3 克
干酵母---------5 克
鸡蛋---------- 40 克
苹果果肉---- 40 克
片状酥油---- 70 克
巧克力果胶-- 适量
花生碎-------- 适量
水---------- 88 毫升

工具 Tool

刮板，擀面杖，刷子，小刀，烤箱，冰箱

做法 Make

1. 低筋面粉倒入高筋面粉中，倒入奶粉、干酵母、盐，拌匀，倒在案台上，用刮板开窝，倒入清水、细砂糖、鸡蛋，拌匀，加入黄油，揉搓成光滑的面团，用擀面杖擀成面皮。

2. 用擀面杖将片状酥油擀薄，放在面皮上，折叠面皮，擀平后折叠起来，放入冰箱冷藏 10 分钟。

3. 取出，继续擀平，将上述动作重复操作两次，制成酥皮。

4. 取适量酥皮，擀薄，修整边缘，刷上一层奶油杏仁馅，放上苹果果肉，对折，表面刷一层巧克力果胶，撒上花生碎，制成生坯，放入烤盘，常温发酵 1.5 小时。

5. 将发酵好的生坯放入预热好的烤箱中，上、下火 190°C，烘烤 15 分钟至熟。

6. 戴上手套，打开箱门，将烤好的面包取出即可。

「椰子丹麦面包」

烤制时间：16 分钟

原料 Material

高筋面粉---850 克
低筋面粉---150 克
砂糖---------135 克
全蛋---------150 克
纯牛奶---150 毫升
冰水------300 毫升
酵母---------- 13 克
改良剂---------4 克
食盐---------- 15 克
奶油---------120 克
片状酥油---500 克
瓜子仁、椰子陷 -
-------------- 各适量

工具 Tool

刷子, 冰箱, 保鲜膜, 擀面杖, 纸膜, 烤箱, 发酵箱, 搅拌机, 刀

做法 Make

1. 先把高筋面粉、低筋面粉、酵母和改良剂倒入搅拌机中拌匀。

2. 加入砂糖、全蛋、纯牛奶和冰水慢速拌匀，转快速搅拌 2 分钟。

3. 最后加入食盐和奶油慢速拌匀，转快速搅拌 2 分钟，制成面团。

4. 将面团压扁成长形，用保鲜膜包好，放入冰箱冷冻 30 分钟以上。

5. 取出面团稍擀开擀长，放上 500 克片状酥油，裹好，捏紧收口。

6. 把面团擀开擀长，叠三下，用保鲜膜包好放入冰箱冷藏 30 分钟，重复操作上述动作 3 次即可。

7. 取出面团，将其擀开擀长，擀成厚 5.5 毫米的薄片，将四周边切去，刷上全蛋液。

8. 抹上椰子馅后卷成圆条。

9. 用刀切成等份，放入纸模内，制成生坯。

10. 排列好放进发酵箱醒发 60 分钟，温度 35℃，湿度 75%。

11. 将醒好的生坯取出 , 刷上全蛋液。

12. 撒上瓜子仁，入炉，上火 185℃，下火 160℃，烤约 16 分钟即可。

「丹麦草莓面包」

烤制时间：15 分钟

看视频学烘焙

原料 Material

高筋面粉---170 克
低筋面粉---- 30 克
细砂糖------- 50 克
黄油---------- 20 克
奶粉---------- 12 克
盐---------------3 克
干酵母---------5 克
鸡蛋---------- 40 克
片状酥油---- 70 克
草莓果酱----- 适量
水---------- 88 毫升

工具 Tool

小勺，刮板，擀面杖，烤箱，冰箱，刀，油纸

做法 Make

1. 低筋面粉倒入高筋面粉中，倒入奶粉、干酵母、盐，拌匀，倒在案台上，用刮板开窝；倒入清水、细砂糖，放入鸡蛋，拌匀，加入黄油，揉成光滑的面团，将面团擀成薄片。

2. 用擀面杖将油纸包好的片状酥油擀薄，放在面皮上，折叠面皮，擀平，折叠成三层，放入冰箱，冷藏 10 分钟。

3. 取出，继续擀平，将上述动作重复操作两次，制成酥皮。

4. 用擀面杖将酥皮擀薄，切齐边缘，再分切成 3 个大小均等的长方块，取其中一块，切成 3 个大小均等的方块。

5. 将酥皮四角向中心对折，压紧，呈花形，制成生坯，把生坯装在烤盘里，在常温下发酵 90 分钟。

6. 用小勺在生坯中心放上适量草莓果酱，放入预热好的烤箱中，上、下火 190℃烤 15 分钟至熟，取出，装入盘中即可。

「丹麦芒果面包」

烤制时间：15 分钟

看视频学烘焙

原料 Material

高筋面粉---170 克
低筋面粉---- 30 克
细砂糖------- 50 克
黄油---------- 20 克
奶粉---------- 12 克
盐--------------- 3 克
干酵母--------- 5 克
鸡蛋---------- 40 克
片状酥油---- 70 克
芒果果酱----- 适量
水---------- 88 毫升

工具 Tool

小勺，刮板，擀面杖，烤箱，冰箱，刀，油纸

做法 Make

1. 低筋面粉倒入高筋面粉中，倒入奶粉、干酵母、盐，拌匀，倒在案台上，用刮板开窝；倒入清水、细砂糖，放入鸡蛋，拌匀，加入黄油，揉成光滑的面团，将面团擀成薄片。

2. 用擀面杖将片状酥油擀薄，放在面皮上，折叠面皮，擀平，折叠成三层，放入冰箱，冷藏 10 分钟。

3. 取出，继续擀平，将上述动作重复操作两次，制成酥皮。

4. 用擀面杖将用油纸包好的酥皮擀薄，切齐边缘，再分切成 3 个大小均等的长方块，取其中一块，切成 3 个大小均等的方块。

5. 将酥皮四角向中心对折，压紧，呈花形，制成生坯，把生坯装在烤盘里，在常温下发酵 90 分钟。

6. 用小勺在生坯中心放上适量芒果果酱，放入预热好的烤箱中，上、下火 190℃烤 15 分钟至熟，取出，装入盘中即可。

看视频学烘焙

「丹麦红豆」

烤制时间：15 分钟

原料 Material

高筋面粉---170 克
低筋面粉---- 30 克
黄油、奶粉各 20 克
鸡蛋---------- 40 克
片状酥油---- 70 克
纯净水---- 80 毫升
细砂糖------- 50 克
酵母------------4 克
熟红豆-------- 适量

工具 Tool

刮板，圆形模具，小圆形模具，擀面杖，烤箱，冰箱

做法 Make

1. 高筋面粉、低筋面粉、奶粉、酵母倒在案板上，搅拌均匀。
2. 用刮板开窝，倒入备好的细砂糖和鸡蛋，将其拌匀，倒入纯净水，搅拌均匀。
3. 倒入黄油，一边翻搅一边按压，制成表面平滑的面团。
4. 撒点干面粉在案板上，用擀面杖将揉好的面团擀制成长形面片，放入备好的片状酥油，将另一侧用面片覆盖。
5. 把四周封紧，用擀面杖擀至酥油分散均匀。
6. 将擀好的面片叠成 3 层，再放入冰箱冰冻 10 分钟。
7. 待 10 分钟后将面片拿出继续擀薄，依此反复进行 3 次。
8. 用圆形模具将面片压出一片圆形面皮，再取一片面片用小圆形模具压在中间，制成面片圈。
9. 将小面片圈放在大面片圈上，撒上熟红豆，即成面坯。
10. 将剩余面片依次制成面坯放入烤盘中，发酵至两倍大。
11. 将烤盘放入预热好的烤箱内，上火 200℃，下火 190℃，烤 15 分钟至面包松软，取出放凉，装入盘中即可。

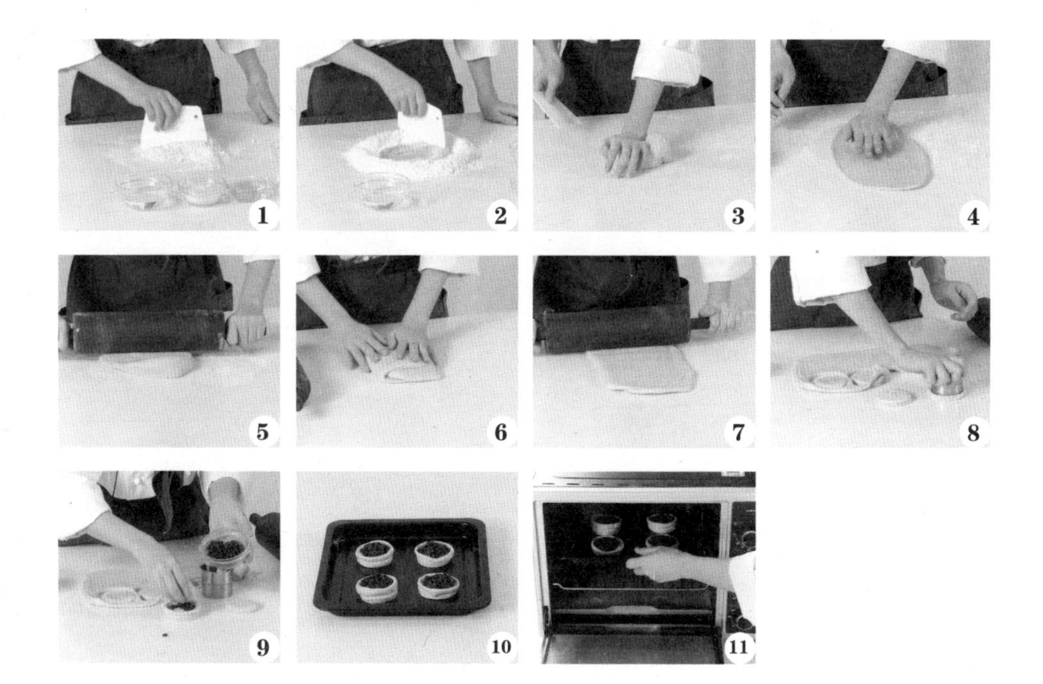
1 2 3 4 5 6 7 8 9 10 11

「丹麦玫瑰花」

烤制时间：15 分钟

看视频学烘焙

原料 Material

高筋面粉---170 克
低筋面粉---- 30 克
细砂糖------- 50 克
黄油---------- 20 克
奶粉---------- 12 克
盐---------------3 克
干酵母---------5 克
鸡蛋---------- 40 克
片状酥油---- 70 克
蛋液----------- 适量
水---------- 88 毫升

工具 Tool

刮板，烤箱，小刀，刷子，擀面杖，花形模具，圆形模具，油纸，冰箱，玻璃碗

做法 Make

1. 低筋面粉、高筋面粉倒入碗中拌匀，倒入奶粉、干酵母、盐拌匀，倒在案台上，用刮板开窝。

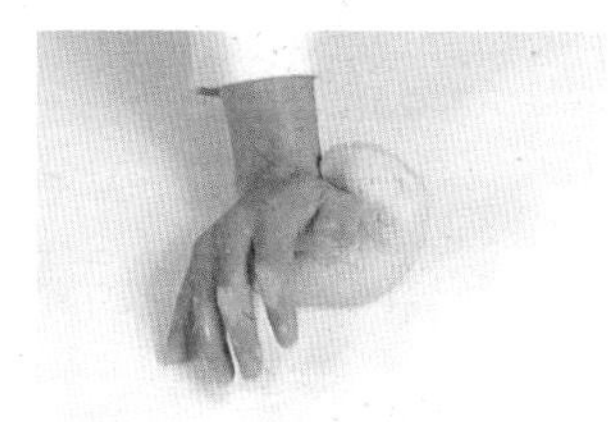

2. 倒入水、细砂糖、鸡蛋，拌匀，混合均匀，揉成湿面团，加入黄油，揉成光滑的面团，擀成薄片。

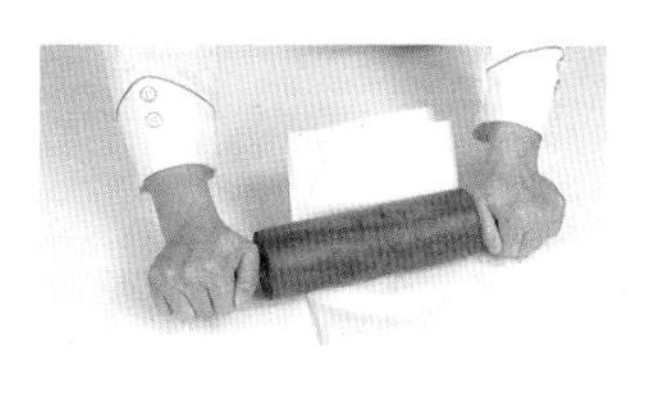

3. 用擀面杖将片状酥油擀薄，放在面皮上，并将面皮折叠，把面皮擀平。

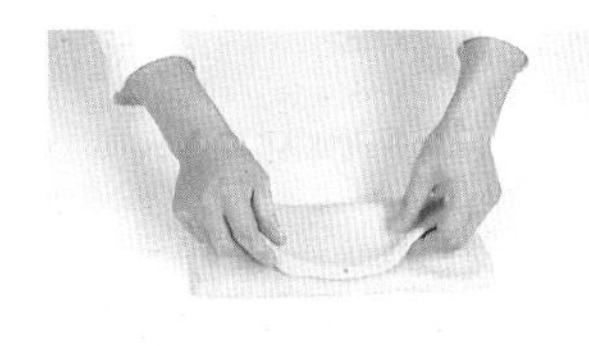

4. 将擀平的面皮折叠起来，放入冰箱冷藏 10 分钟后取出，擀平，将上述动作重复操作两次。

5. 取适量酥皮，用油纸包好擀薄，用圆形模具在薄酥皮上压出 4 个圆饼状生坯，去掉边角料，在生坯上刷一层蛋液，交叠上一块生坯，再刷上蛋液。

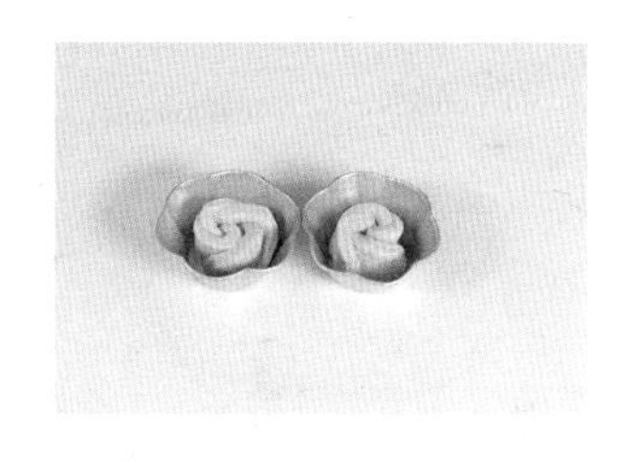

6. 按照上述方法操作，4 块生坯交叠在一起，再卷成圆筒状，对半切成两等份，制成玫瑰花包生坯，放入花形模具里，常温发酵 1.5 小时。

7. 生坯放入预热的烤箱中，上火 190 ℃，下火 200℃，烘烤 15 分钟至熟。

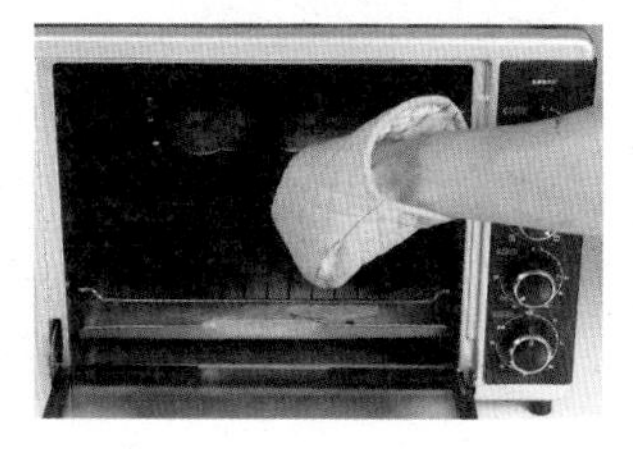

8. 戴上手套，打开箱门，把烤好的面包取出即可。

Part 5

调理面包篇

一般的面包是不是已经满足不了您的胃口了？没关系，本章我们就开始做带有料理的调理面包。调理面包是运用普通面包的配方面团制成的，在烘烤前或烘烤后，在面包表面或中间添加各种调制好的料理。其色、香、味俱全，符合中国人特有的口味和饮食习惯，以趁热食用的味道最佳。

「奶油面包」

烤制时间：13 分钟

看视频学烘焙

原料 Material

高筋面粉---250 克
清水------100 毫升
白糖---------- 50 克
黄油---------- 35 克
酵母------------4 克
奶粉---------- 20 克
蛋黄---------- 15 克
打发鲜奶油-- 适量
椰蓉----------- 适量
糖浆----------- 适量

工具 Tool

刮板，擀面杖，烤箱，蛋糕刀，电子秤，裱花袋，刷子

做法 Make

1. 将高筋面粉加酵母和奶粉倒在案台上，拌匀，开窝。

2. 加入白糖、清水、蛋黄，搅匀。

3. 放入黄油，揉搓成纯滑的面团。

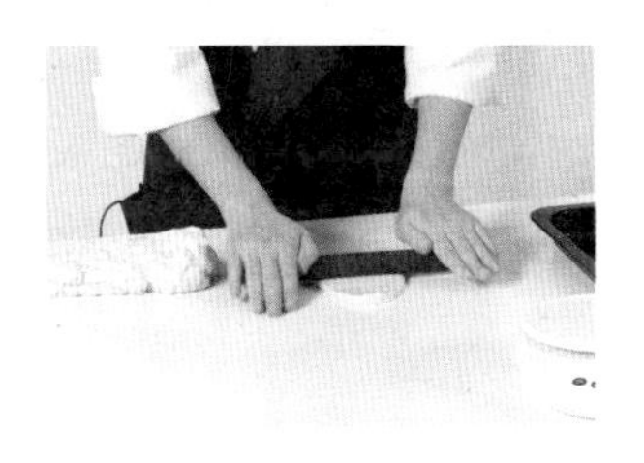

4. 将面团分成 4 个 60 克的小剂子，搓圆、擀薄。

5. 从小剂子前端开始，慢慢往回收，卷成橄榄的形状。

6. 将橄榄状面团放入烤盘，发酵 30 分钟，入烤箱，以上、下火 170℃烤 13 分钟，取出。

7. 用蛋糕刀将面包从中间划开，刷上糖浆，蘸上椰蓉，待用。

8. 取一裱花袋，倒入打发的鲜奶油，挤入面包的刀口处即成。

「芝麻贝果培根三明治」

烤制时间：0 分钟

看视频学烘焙

原料 Material

芝麻贝果------1 个
生菜叶---------2 片
西红柿---------2 片
培根-----------1 片
黄瓜-----------4 片
色拉油-------- 适量
沙拉酱-------- 适量

工具 Tool

蛋糕刀，刷子，煎锅

做法 Make

1. 煎锅中倒入少许色拉油烧热，放入培根，煎至焦黄色后盛出。
2. 将准备好的所有食材置于案台上。
3. 用蛋糕刀将芝麻贝果平切成两半。
4. 分别刷上一层沙拉酱。
5. 放上备好的生菜叶、西红柿、培根、黄瓜片。
6. 盖上另一块面包，制成三明治。
7. 将做好的三明治装入盘中即可。

「汉堡包」

看视频学烘焙

原料 Material

高筋面粉---500 克
黄油---------- 70 克
奶粉---------- 20 克
细砂糖------100 克
盐---------------5 克
鸡蛋---------- 50 克
酵母------------8 克
白芝麻-------- 适量
生菜叶-------- 适量
熟火腿------- 40 克
煎鸡蛋---------4 个
沙拉酱-------- 少许
水---------200 毫升

工具 Tool

玻璃碗，刮板，搅拌器，电子秤，烤箱，蛋糕刀，保鲜膜，裱花袋

做法 Make

1. 将细砂糖、水倒入碗中，用搅拌器搅拌至溶化。

2. 把高筋面粉、酵母、奶粉倒在案台上，用刮板开窝，倒入备好的糖水，将材料混合均匀，并按压成形，加入鸡蛋，将材料混合匀，揉搓成面团。

3. 将面团稍微拉平，倒入黄油，揉搓均匀，加入盐，揉搓成光滑的面团，用保鲜膜包好，静置 10 分钟。

4. 将面团分成数个 60 克 / 个的小面团，揉搓成圆球，放入烤盘中，发酵 90 分钟，在发酵好的面团上撒入适量白芝麻。

5. 将烤盘放入烤箱，以上、下火 190°C烤 15 分钟至熟。将烤好的面包装入盘中，放凉待用，沙拉酱装入裱花袋中待用。

6. 将面包用蛋糕刀切成两半，依次放入沙拉酱、生菜叶、沙拉酱、煎鸡蛋、沙拉酱、熟火腿即可。

看视频学烘焙

「火腿面包」

烤制时间：15 分钟

原料 Material

高筋面粉---500 克
黄油---------- 70 克
奶粉---------- 20 克
细砂糖------100 克
盐---------------5 克
鸡蛋---------- 50 克
水---------200 毫升
酵母------------8 克
火腿肠---------4 根

工具 Tool

玻璃碗，刮板，搅拌器，擀面杖，保鲜膜，电子秤，烤箱，刷子

做法 Make

1. 将细砂糖、水倒入玻璃碗中，用搅拌器搅拌至细砂糖溶化。

2. 把高筋面粉、酵母、奶粉倒在案台上，用刮板开窝。

3. 倒入备好的糖水，将材料混合均匀，并按压成形，加入鸡蛋，将材料混合均匀，揉搓成面团。

4. 将面团稍微拉平，倒入黄油，揉搓均匀，加入盐，揉搓成光滑的面团。

5. 用保鲜膜包好，静置 10 分钟。

6. 将面团分成数个 60 克 / 个的小面团，揉搓成圆形，用擀面杖擀平。

7. 从一端开始，将面团卷成卷，搓成细长条状。

8. 沿着火腿肠卷起来，制成火腿面包生坯。

9. 将生坯 放入烤盘中，使其发酵 90 分钟。

10. 烤箱温度调为上、下火 190℃，预热后放入烤盘。

11. 烤 15 分钟至熟，取出烤盘，在面包上刷适量黄油即可。

「毛毛虫面包」

烤制时间：20 分钟

看视频学烘焙

原料 Material

高筋面粉---500 克
黄油---------125 克
奶粉---------- 20 克
细砂糖------100 克
盐---------------7 克
酵母------------8 克
打发鲜奶油-- 适量
低筋面粉---- 75 克
鸡蛋-----------3 个
牛奶------- 75 毫升
水---------215 毫升

工具 Tool

刮板，擀面杖，裱花袋，烤箱，电动搅拌器，蛋糕刀，保鲜膜，电子秤，锅，剪刀，玻璃碗

做法 Make

1. 将细砂糖、200 毫升水倒入玻璃碗中，搅拌至糖溶化。

2. 高筋面粉、酵母、奶粉倒在案台上，用刮板开窝，倒入糖水，加入 1 个鸡蛋，混匀，揉搓成面团。

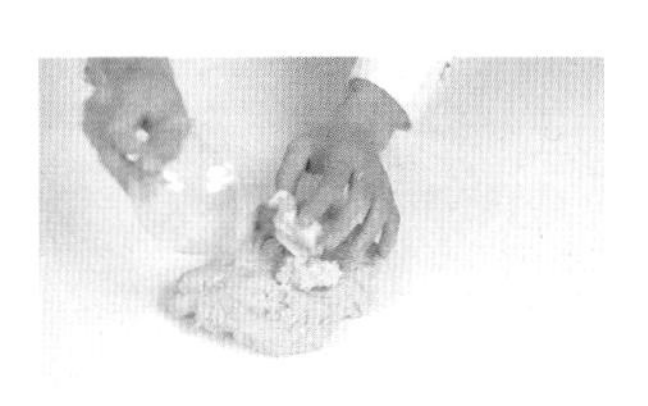

3. 将面团稍微拉平，倒入 70 克黄油揉匀，加入 5 克盐，揉成光滑的面团，用保鲜膜包好，静置 10 分钟。

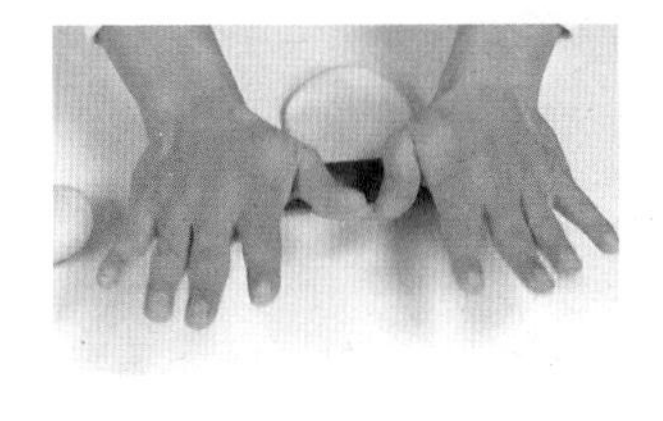

4. 把面团分成 60 克 / 个的小面团，揉成圆形，用擀面杖擀平，卷成卷，搓成长条状，放入烤盘，发酵 90 分钟。

5. 将 15 毫升水、牛奶、50 克黄油倒入锅中，拌匀，煮至溶化，加入 2 克盐，快速搅拌匀，关火。

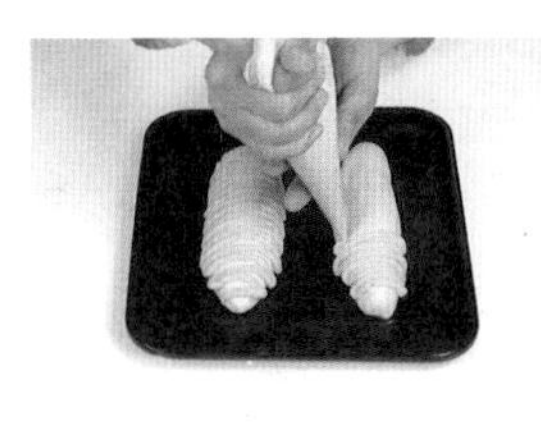

6. 放入低筋面粉，拌匀，先后放入 2 个鸡蛋，用电动搅拌器搅匀；将材料装入裱花袋，剪开一小口，挤到面包生坯上。

7. 将烤盘放入烤箱，上火 210℃、下火 190℃烤 20 分钟。

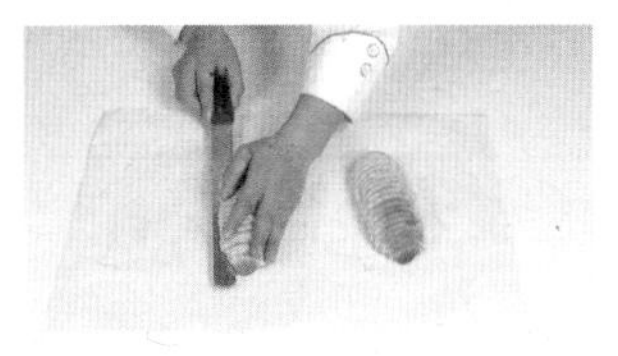

8. 取出烤好的面包，用刀平切一个小口，在切口处抹上打发的鲜奶油即可。

「鲍汁叉烧面包」

烤制时间：15 分钟

原料 Material

面团

高筋面粉---250 克
砂糖---------- 45 克
淡奶------- 15 毫升
鲜奶油---------7 克
蜂蜜---------5 毫升
酵母------------3 克
食盐------------3 克
奶香粉---------1 克
全蛋---------- 25 克
水---------130 毫升
奶油---------- 25 克
起酥皮-------- 适量

叉烧肉

五花肉------100 克
食盐------------1 克
生抽---------3 毫升
花生------------2 克
鲍汁---------1 毫升
蚝油---------1 毫升
蜂蜜---------3 毫升
砂糖------------8 克
老抽---------2 毫升
芝麻酱---------1 克
白酒---------2 毫升

工具 Tool

刮板，纸杯，刷子，烤箱，保鲜膜，发酵箱，电子秤

做法 Make

1. 将面团原料除起酥皮外混合拌至可拉出薄膜状，盖上保鲜膜松弛 20 分钟，温度 30℃，湿度 75%，松弛好分割成 60 克 / 个，滚圆面团，盖上保鲜膜松弛 20 分钟。

2. 将制作叉烧肉所用材料拌匀，腌制 2 小时，再入炉烘烤五花肉至熟，即成叉烧肉。

3. 面团中包入叉烧馅，捏紧收口，放入纸杯中，再放入烤盘。

4. 烤盘放进发酵箱，醒发约 80 分钟，温度 38℃，湿度 75%。将醒发好的面团刷上全蛋液，放上两片起酥皮，放入烤箱，上火 190℃，下火 160℃，烘烤约 15 分钟至熟。

「乳酪苹果面包」

烤制时间：15 分钟

原料 Material

面团

高筋面粉---750 克
低筋面粉---100 克
酵母---------- 10 克
改良剂---------4 克
砂糖---------150 克
全蛋---------- 75 克
蜂蜜------- 30 毫升
清水------400 毫升
食盐------------8 克
奶油---------- 90 克

乳酪馅

奶油芝士---200 克
玉米淀粉---- 21 克
奶油---------- 75 克
鲜奶油------- 50 克

其他

苹果丁------300 克
瓜子仁-------- 适量
糖粉---------- 75 克

工具 Tool

刮板，搅拌器，保鲜膜，纸杯，刷子，烤箱，电子秤，发酵箱，切割刀，面粉筛

做法 Make

1. 把面团原料混合拌匀，最后加入苹果丁慢速拌匀，盖上保鲜膜松弛 20 分钟。

2. 将面团分割成 65 克 / 个的小面团，将小面团滚圆至光滑，再盖上保鲜膜松弛 20 分钟。

3. 将面团放入纸杯，排入烤盘，再放入发酵箱，醒发 75 分钟，温度 37℃，湿度 75%。

4. 取出发酵好的面团，刷上全蛋液，撒上瓜子仁。

5. 入炉烘烤，上火 185℃，下火 165℃，时间 15 分钟。

6. 面包烤至金黄色出炉，将凉透的面包中间割开，挤上拌好的乳酪馅，筛上糖粉即可。

看视频学烘焙

「天然酵母鲜蔬面包」

烤制时间： 10 分钟

原料 Material

天然酵母

详见 012 页

主面团

高筋面粉---200 克
细砂糖------- 30 克
黄油---------- 20 克
水---------- 60 毫升

馅料

黄瓜粒------- 50 克
西红柿粒---- 60 克

工具 Tool

刮板，擀面杖，烤箱，刀片

做法 Make

1. 制作天然酵母，详见 012 页。
2. 把 200 克高筋面粉倒在案台上，用刮板开窝。
3. 倒入 60 毫升水、细砂糖，搅匀，刮入高筋面粉，混合均匀。
4. 加入黄油，继续揉搓均匀，揉搓成光滑的面团。
5. 取适量面团，加入少许的天然酵母，混合均匀。
6. 把面团分成两半，取其中一半分切成两等份剂子。
7. 将剂子搓圆，再将小面团压扁，擀成面皮。
8. 面皮翻面，放上西红柿粒、黄瓜粒，将面皮卷成橄榄状，制成生坯。
9. 把生坯放入烤盘，用刀片划上花纹，待发酵至 2 倍大。
10. 关上箱门，将烤箱上、下火均调为 190℃，预热 5 分钟。
11. 打开箱门，放入发酵好的生坯，烘烤 10 分钟至熟。
12. 戴上手套，打开箱门，将烤好的面包取出。

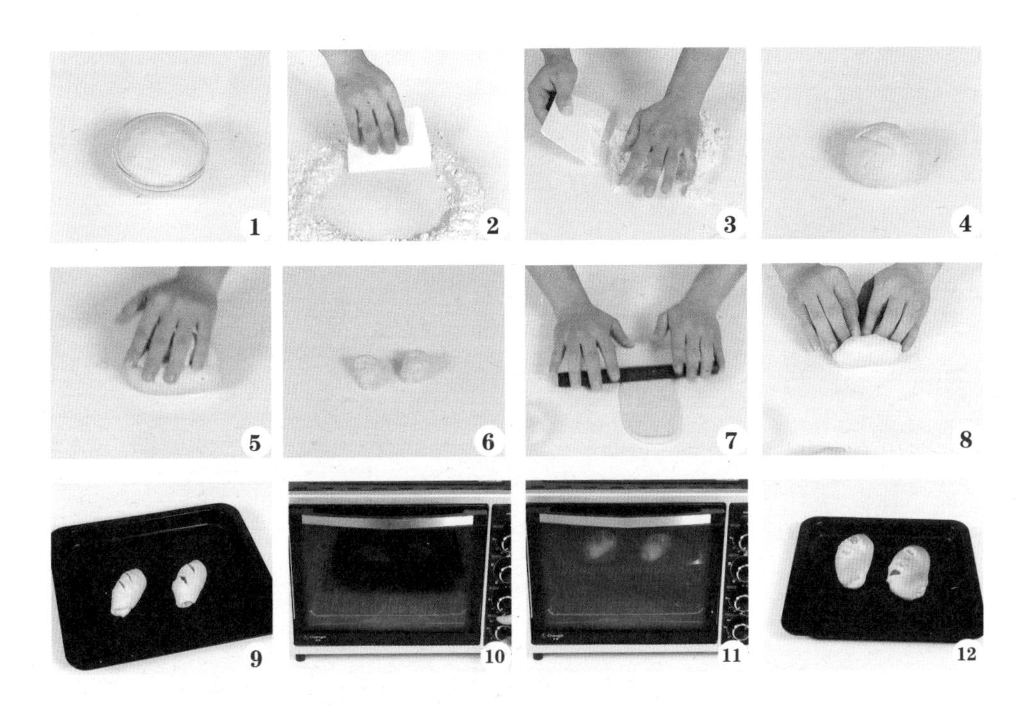

「青蛙包」

烤制时间： 10 分钟

看视频学烘焙

原料 Material

高筋面粉---500 克
黄油---------- 70 克
奶粉---------- 20 克
细砂糖------100 克
盐---------------5 克
鸡蛋------------1 个
酵母------------8 克
香肠------------2 根
蛋液---------- 30 克
葱花、沙拉酱适量
水---------200 毫升

工具 Tool

刮板，搅拌器，刷子，裱花袋，烤箱，玻璃碗，保鲜膜，擀面杖

做法 Make

1. 细砂糖倒入碗中，加水，用搅拌器搅拌成糖水。

2. 将高筋面粉倒在案台上，加入酵母、奶粉，混匀，再开窝，倒入糖水、鸡蛋，揉搓均匀。

3. 加入准备好的黄油，继续揉搓，充分混合，加入盐，揉成面团，用保鲜膜裹好，静置 10 分钟。

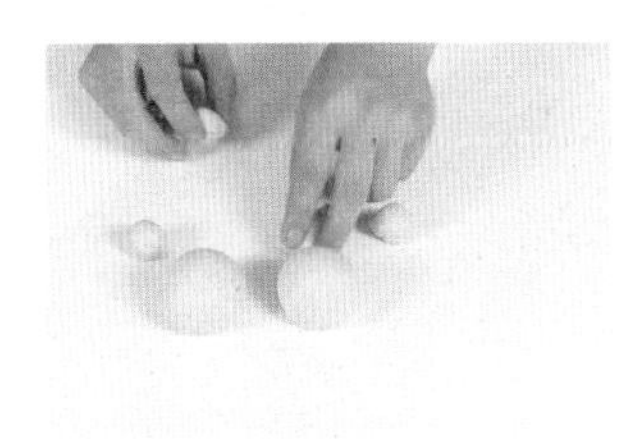

4. 去掉保鲜膜，取适量面团，分成两个大的剂子，揉匀成两个较大的面团，剩余的再分成 4 个小剂子，揉匀成较小的面团。

5. 用擀面杖将大面团擀成薄面片，将面片卷成细长条，盘成环形，将 1 根香肠放入其中，做成青蛙脸。

6. 取两个小面团，与青蛙脸部粘在一起，再各压入 1 块香肠小块，点缀成眼睛，制成生坯。

7. 在生坯表面刷上蛋液，撒上葱花，将沙拉酱装入裱花袋，挤在生坯上。

8. 烤箱上、下火调为 190℃，定时 10 分钟，将生坯放入，关上烤箱门，烤好装盘即可。

「奶油椰子面包」

烤制时间：15 分钟

原料 Material

椰子馅

砂糖---------250 克
奶油---------250 克
全蛋---------- 85 克
奶粉---------- 85 克
低筋面粉---- 50 克
椰蓉---------400 克

面团

高筋面粉---500 克
酵母------------5 克
全蛋---------- 50 克
食盐------------5 克
砂糖---------- 95 克
改良剂---------2 克
清水------255 毫升
淡奶------- 25 毫升
蜂蜜------- 20 毫升
奶香粉------ 2.5 克
鲜奶油------- 10 克

面团

奶油---------- 60 克
瓜子仁-------- 适量

工具 Tool

烤箱，刮板，保鲜膜，擀面杖，搅拌器，刷子，电子秤，发酵箱，刀

做法 Make

1. 先把砂糖、奶油搅拌均匀，加入全蛋充分拌匀，最后加入低筋面粉、奶粉、椰蓉拌均匀制成椰子馅。

2. 将面团原料混合拌匀至拉出薄膜，盖上保鲜膜松弛 20 分钟，温度 30℃，湿度 75%。

3. 把面团分成 65 克 / 个的小面团，滚圆至表面光滑，盖上保鲜膜松弛 20 分钟。

4. 把松弛好的面团用擀面杖擀开排气，放上椰子馅，卷成长条形，放入烤盘，制成生坯。

5. 将生坯放进发酵箱醒发 90 分钟，温度 37℃，湿度 80%，然后用刀划三刀，刷上全蛋液，挤上奶油。

6. 撒上瓜子仁，入炉烘烤 15 分钟，温度上火 185℃、下火 165℃，烤好后出炉。

「虾仁玉米面包」

烤制时间： 15 分钟

原料 Material

面团

高筋面粉---500 克
奶粉---------- 20 克
全蛋---------- 55 克
奶油---------- 55 克
酵母------------5 克
奶香粉---------3 克
清水------265 毫升
蛋糕油---------3 克
改良剂------ 1.5 克
砂糖---------- 45 克
食盐---------- 10 克

虾仁玉米馅

虾仁---------- 50 克
玉米粒------150 克

其他

沙拉酱------- 50 克
青椒----------- 适量
胡萝卜碎----- 适量

工具 Tool

刮板，保鲜膜，搅拌器，面包模具，小刀，刷子，烤箱，电子秤，发酵箱，裱花袋

做法 Make

1. 将面团原料混合搅拌至面筋扩展，松弛 20 分钟，温度 32℃，湿度 78%，即成主面面团。

2. 将面团分割成 65 克 / 个的小面团，滚圆，盖上保鲜膜，发酵约 20 分钟。

3. 面团发酵好后压扁排气，将虾仁玉米馅所有材料搅拌均匀，包入面团中。

4. 将面团压扁放入模具中，再放入烤盘，入发酵箱醒发 60 分钟，温度 37℃，湿度 70%。

5. 在醒发好的面团上划上几刀，刷上全蛋液，表面放上青椒和胡萝卜碎装饰。

6. 挤上沙拉酱，入炉烘烤，上火 180℃，下火 195℃，烤 15 分钟出炉。

看视频学烘焙

「天然酵母卡仕达酱面包」

烤制时间： 10 分钟

原料 Material

天然酵母

详见 012 页

主面团

高筋面粉---200 克
细砂糖------- 30 克
黄油---------- 20 克
水---------- 60 毫升

馅料

卡仕达酱---100 克

工具 Tool

刮板，裱花袋，剪刀，烤箱

做法 Make

1. 制作天然酵母，详见 012 页。
2. 把 200 克高筋面粉倒在案台上，用刮板开窝。
3. 倒入 60 毫升水、细砂糖，搅匀，刮入高筋面粉，混合均匀。
4. 加入黄油，继续揉搓均匀，揉搓成光滑的面团。
5. 取适量面团，加入少许天然的酵母，混合均匀。
6. 把面团分成两半，取其中一半分切成两个等份的剂子。
7. 把剂子搓成圆球状，将面球装入烤盘。
8. 把卡仕达酱装入裱花袋，剪开一小口，挤在面球上，制成生坯。
9. 将烤箱上下火均调为 190℃，预热 5 分钟。
10. 打开箱门，放入发酵好的生坯。
11. 关上箱门，烘烤 10 分钟至熟。
12. 戴上手套， 打开箱门，将烤好的面包取出即可。

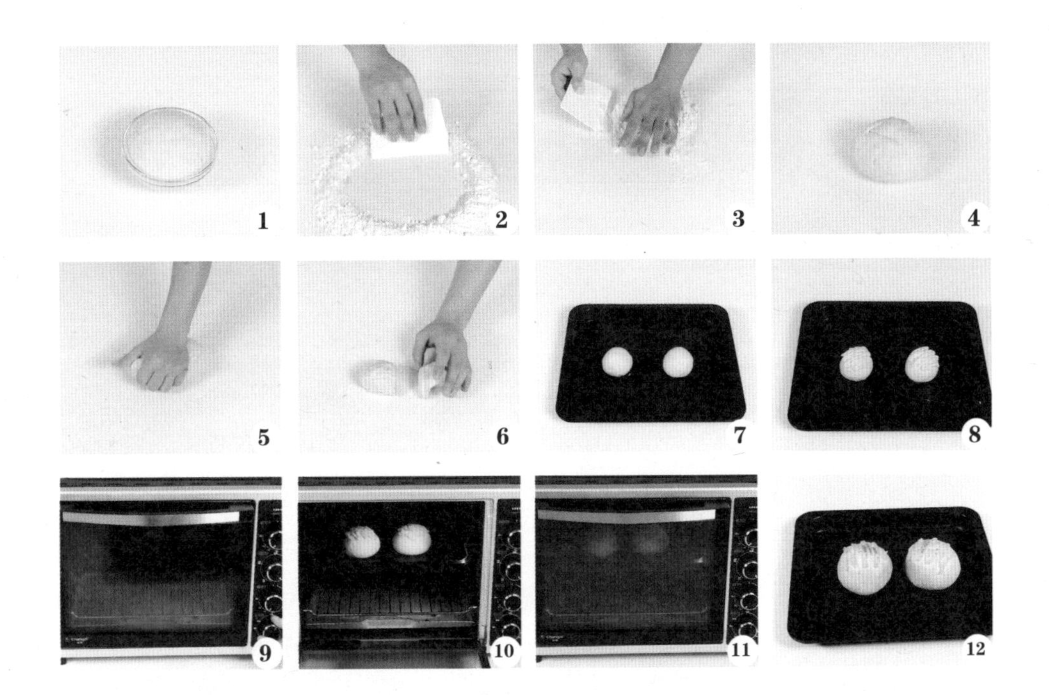

「墨西哥面包」

烤制时间： 15 分钟

看视频学烘焙

原料 Material

面团

高筋面粉---200 克
水---------- 90 毫升
酵母------------4 克
蛋黄---------- 15 克
细砂糖------- 25 克
黄油---------- 30 克

馅料

黄油---------- 30 克
糖粉---------- 30 克
鸡蛋---------- 30 克
低筋面粉---- 25 克

工具 Tool

玻璃碗，刮板，刮板，裱花袋，电子秤，烤箱

做法 Make

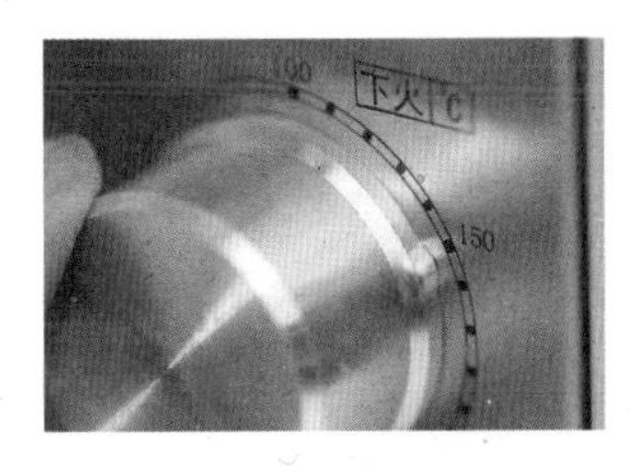

1. 在烤箱下层放入装好水的烤盘预热烤箱。

2. 把高筋面粉、细砂糖、酵母倒入玻璃碗中搅拌均匀，再加入蛋黄拌匀。

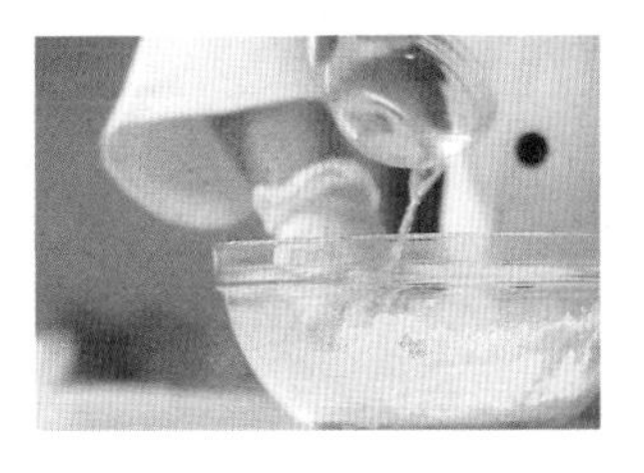

3. 分两次加入水充分搅拌，加入 30 克黄油继续搅拌，将其揉成面团。

4. 用刮板把面团分割成每份 70 克的小份，用电子秤称量完后对其进行整形，放进烤盘。

5. 烤箱保持 30℃左右的温度，把烤盘放进烤箱中层进行发酵约 30 分钟。

6. 将 30 克黄油、糖粉倒入另一玻璃碗中，搅拌均匀。

7. 加入鸡蛋、低筋面粉，搅拌均匀后，制成馅料。

8. 把馅料装入裱花袋，挤在发酵好的面团表层，将面团放进烤箱中，上火 190℃，下火 170℃，烘烤 15 分钟即可。

「谷物三明治」

烤制时间： 15 分钟

看视频学烘焙

原料 Material

高筋面粉---125 克
全麦粉------125 克
黄油---------- 30 克
酵母------------4 克
蛋白---------- 25 克
奶粉---------- 10 克
细砂糖------- 50 克
鸡蛋------------2 个
生菜叶---------2 片
青椒圈-------- 少许
火腿肠---------2 根
沙拉酱-------- 适量
色拉油-------- 适量
水---------- 80 毫升

工具 Tool

刮板，擀面杖，蛋糕刀，刷子，烤箱，白纸，煎锅

做法 Make

1. 将全麦粉、高筋面粉倒在案台上，用刮板开窝。

2. 倒入奶粉、酵母，放入细砂糖、水，加入黄油，放入蛋白，揉搓成纯滑的面团。

3. 将面团分成 2 个大小均等的小面团，擀成面皮，将面皮卷成橄榄状生坯，放入烤盘里，在常温下发酵 90 分钟，使其发酵至原体积的 2 倍大。

4. 把发酵好的生坯放入预热好的烤箱，关上箱门，以上火 190℃、下火 190℃烤 15 分钟至熟。

5. 打开箱门，取出烤好的面包，装入盘中，放凉待用。

6. 煎锅中注入色拉油烧热，打入鸡蛋，用小火煎成荷包蛋。将备好的食材放在白纸上，用蛋糕刀将面包切成相连的两半，分别刷上沙拉酱，放上生菜叶、火腿肠、青椒圈、荷包蛋，夹好，装盘即可。

「梅花腊肠面包」

烤制时间：15 分钟

看视频学烘焙

原料 Material

高筋面粉---500 克
黄油---------- 70 克
奶粉 20 克
细砂糖------100 克
盐--------------5 克
鸡蛋-----------1 个
酵母-----------8 克
腊肠、葱花各适量
水---------200 毫升

工具 Tool

刮板，搅拌器，擀面杖，剪刀，烤箱，玻璃碗，保鲜膜

做法 Make

1. 将细砂糖、水倒入碗中，搅拌至细砂糖溶化，待用。

2. 把高筋面粉、酵母、奶粉倒在案台上，用刮板开窝，倒入糖水，将材料混合均匀，并按压成形，加入鸡蛋，混合均匀，揉搓成面团。

3. 将面团稍微拉平，倒入黄油，揉搓均匀，加入盐，揉搓成面团，用保鲜膜包好，静置 10 分钟。

4. 取适量面团，搓成圆球，切成两等份，分别揉搓均匀至成小面团，用擀面杖将面团擀平至成面饼。

5. 在面饼上放入腊肠，将面饼卷成圆筒状，用剪刀在一侧剪开数个口子，将其首尾相接，摆成梅花状。

6. 烤盘中放入梅花状生坯，常温发酵 2 小时，撒入葱花，放入预热好的烤箱，温度调至上、下火 190℃，烤 10 分钟至熟，取出烤好的面包即可。

看视频学烘焙

「巧克力墨西哥面包」

烤制时间： 15 分钟

原料 Material

面包部分

高筋面粉---250 克
酵母------------4 克
黄油---------- 35 克
奶粉---------- 10 克
蛋黄---------- 15 克
细砂糖------- 50 克
纯净水---100 毫升

酱料部分

低筋面粉、细砂糖、
黄油-------各 50 克
鸡蛋---------- 40 克
巧克力豆----- 适量

工具 Tool

大玻璃碗，刮板，搅拌器，长柄刮板，裱花袋，剪刀，蛋糕纸杯，烤箱，电子秤

做法 Make

1. 制作面包：把高筋面粉倒在案板上，加入酵母和奶粉，充分混合均匀。

2. 用刮板开窝，倒入细砂糖、纯净水、蛋黄，搅拌均匀。

3. 刮入高筋面粉，拌匀制成湿面团，加入黄油，揉搓均匀，制成表面纯滑的面团。

4. 将面团分割成 60 克 / 个的小剂子，并搓成圆球状，把搓好的面球装入蛋糕纸杯中。

5. 按照同样的方法制作数个面球，在常温下发酵 1.5 小时。

6. 待面包生坯发酵约为原体积的 2 倍即可。

7. 制作酱料：将准备好的低筋面粉、细砂糖、黄油、鸡蛋倒入大玻璃碗中，用搅拌器快速搅拌均匀，制成面包酱。

8. 用长柄刮板把酱料装入裱花袋里，并用剪刀在裱花袋尖角处剪开一个小口。

9. 将酱料挤在面包生坯上，盘成螺旋状。

10. 撒上适量巧克力豆，把制作好的面包生坯装入烤盘中，准备烘烤。

11. 打开烤箱，把发酵好的生坯放入烤箱中，关上烤箱门，将上、下火均调为 170℃，烘烤 15 分钟即可。

看视频学烘焙

「虎皮面包」

烤制时间：15 分钟

原料 Material

面团

高筋面粉---400 克
酵母------------8 克
细砂糖------100 克
鸡蛋---------100 克
盐---------------3 克
水---------120 毫升
黄油---------130 克

表皮

鸡蛋------------3 个
细砂糖------- 30 克
柠檬汁---- 15 毫升
低筋面粉---- 50 克
玉米淀粉---- 15 克
色拉油---- 10 毫升
巧克力酱---- 10 克

芝士馅

奶油芝士---125 克
细砂糖------- 60 克
淡奶油---- 20 毫升

工具 Tool

面包机，烤箱，玻璃碗，裱花袋，搅拌器，长柄刮板，刀，勺子，电子秤

做法 Make

1. 面团制作：把高筋面粉、酵母、细砂糖、鸡蛋、盐、水和黄油倒进面包机中拌匀。

2. 芝士馅制作：把奶油芝士、细砂糖和淡奶油倒入玻璃碗中搅拌均匀，制成芝士馅。

3. 将拌好的面团分割成每份约 70 克的小份，搓成圆形后压成面饼，用勺子把芝士馅裹进面团中。

4. 将面团放入烤箱发酵约 40 分钟，烤箱下层放一盆水保持烤箱的湿度约 80%、温度 30℃左右。

5. 表皮制作：鸡蛋、细砂糖倒入碗中拌匀，加入柠檬汁、玉米淀粉、低筋面粉和色拉油。

6. 拌好之后用长柄刮板装入裱花袋中（留少许在盆中），挤在发酵好的面团上。

7. 把剩下的面糊加入巧克力酱拌匀并装入另一裱花袋中，挤在面团上，用刀在表面划痕装饰。

8. 最后放入烤箱中，上火 190℃，下火 170℃，烘烤约 15 分钟，取出烤好的面包装盘即可。

「玉米火腿沙拉包」

烤制时间：10 分钟

原料 Material

高筋面粉---500 克
黄油---------- 70 克
奶粉---------- 20 克
细砂糖------100 克
盐---------------5 克
鸡蛋------------1 个
酵母------------8 克
玉米粒------100 克
火腿丁------100 克
沙拉酱------- 50 克
水---------120 毫升

工具 Tool

圆形模具，刮板，搅拌器，擀面杖，面包纸杯，刷子，烤箱，玻璃碗，保鲜膜

做法 Make

1. 将细砂糖、水倒入碗中，搅拌至细砂糖溶化，待用。

2. 把高筋面粉、酵母、奶粉倒在案台上，用刮板开窝，倒入糖水，将材料混合均匀，并按压成形。

3. 加入鸡蛋，揉成面团，稍微拉平，倒入黄油、盐，揉成面团，用保鲜膜包好，静置 10 分钟。

4. 取出适量面团，搓圆至成四个小球，逐一压扁，用圆形模具压成圆饼状生坯，放入备好的面包纸杯中，常温发酵 2 小时至原来 2 倍大。

5. 烤盘中放入生坯，刷上沙拉酱，撒上玉米粒、火腿丁。

6. 将烤盘放入预热好的烤箱中，温度调至上火 190℃、下火 190℃，烤 10 分钟至熟，将烤好的面包取出，装入备好的盘中即可。

「腊肠肉松包」

烤制时间：10 分钟

看视频学烘焙

原料 Material

高筋面粉---500 克
黄油---------- 70 克
奶粉---------- 20 克
细砂糖------100 克
盐---------------5 克
鸡蛋------------2 个
酵母------------8 克
腊肠---------- 50 克
肉松---------- 35 克
白芝麻-------- 适量
水---------200 毫升

工具 Tool

刮板，搅拌器，擀面杖，面包纸杯，刷子，烤箱，玻璃碗，保鲜膜

做法 Make

1. 将细砂糖、水倒入碗中，搅拌至细砂糖溶化，待用。

2. 把高筋面粉、酵母、奶粉倒在案台上，用刮板开窝，倒入糖水混匀，按压成形，加入 1 个鸡蛋，揉成面团。

3. 将面团稍微拉平，倒入黄油，揉搓均匀，加入适量盐，揉成面团，用保鲜膜包好，静置 10 分钟。

4. 取出适量面团，分别搓圆成四个小球，用擀面杖将面团擀平至成面饼。在面饼顶端放入腊肠，加入肉松，将放好食材的面饼卷至成橄榄状生坯。

5. 生坯放入面包纸杯中，常温发酵 2 小时至原来的 2 倍大。

6. 烤盘中放入发酵好的生坯，表面刷上蛋液，撒上白芝麻，放入预热好的烤箱中，温度调至上火 190℃、下火 190℃，烤 10 分钟至熟，取出即可。

「豆沙卷面包」

烤制时间：10~12 分钟

原料 Material

高筋面粉---250 克
干酵母---------2 克
黄油---------- 30 克
鸡蛋---------- 30 克
盐--------------3 克
细砂糖------100 克
牛奶------- 15 毫升
水---------120 毫升
全蛋液-------- 适量
红豆沙------125 克

工具 Tool

烤箱，面包机，刷子，擀面杖，刀，电子秤

做法 Make

1. 备好面包机，依次放入水、牛奶、鸡蛋、细砂糖、高筋面粉、干酵母、盐、黄油，进行和面。

2. 将发酵好的面团分成重约 60 克的小面团。

3. 将面团按扁，包入红豆沙。

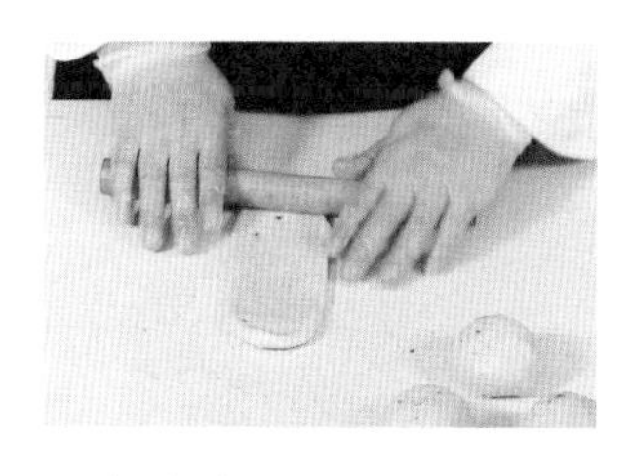

4. 把包好红豆沙的面团用擀面杖擀成长椭圆形，宽度要与吐司模具等长。

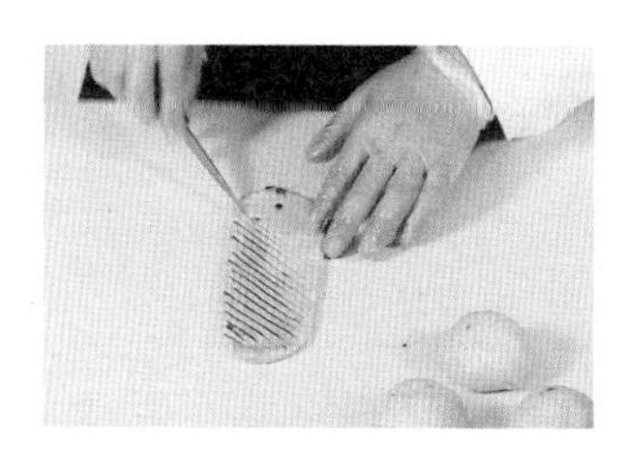

5. 在面饼表面斜切数刀排气，头尾不要切断。

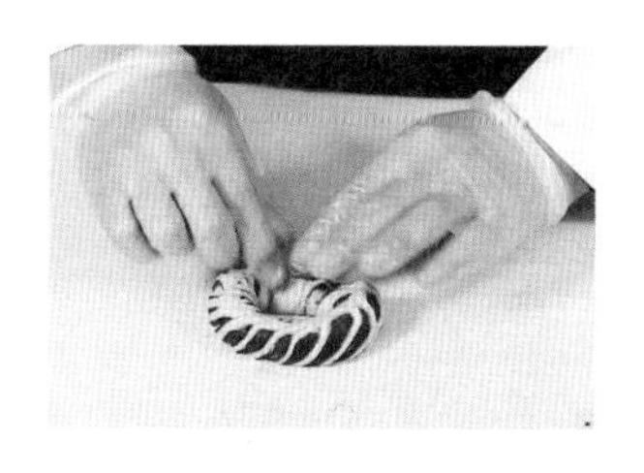

6. 将面团从上往下卷起来，卷成一长条形状，两头捏住制成圆圈。

7. 把面包卷放在烤盘上，移入烤箱中发酵 1 ～ 2 小时。

8. 在发酵好的面团表面轻轻刷上一层全蛋液，放入预热好的烤箱，上火 170℃、下火 160℃，烤制 10 ～ 12 分钟至熟即可。

「杂蔬火腿芝士卷」

烤制时间： 10 分钟

看视频学烘焙

原料 Material

高筋面粉---500 克
黄油---------- 70 克
奶粉---------- 20 克
细砂糖------100 克
盐---------------5 克
鸡蛋------------1 个
酵母------------8 克
菜心粒------- 20 克
玉米粒------- 20 克
洋葱粒------- 30 克
火腿粒------- 50 克
芝士粒------- 35 克
沙拉酱-------- 适量
水---------200 毫升

工具 Tool

刮板，搅拌器，擀面杖，面包纸杯，刷子，烤箱，玻璃碗，保鲜膜

做法 Make

1. 细砂糖、水倒入碗中，搅拌至细砂糖溶化，待用。

2. 把高筋面粉、酵母、奶粉倒在案台上，用刮板开窝，倒入糖水，将材料混合均匀，并按压成形。

3. 加入鸡蛋，混合均匀，揉搓成面团，稍微拉平，倒入黄油、盐，揉成面团，用保鲜膜包好，静置 10 分钟。

4. 取适量面团，用擀面杖擀平至成面饼，面饼上均匀铺入洋葱粒、放入菜心粒、撒上火腿粒、加入芝士粒，卷至成橄榄状生坯，再切成三等份。

5. 备好面包纸杯，放入生坯，撒上玉米粒，常温发酵 2 小时至微微膨胀。烤盘中放入发酵好的生坯，表面刷上沙拉酱。

6. 将烤盘放入预热好的烤箱中，温度调至上火 190℃、下火 190℃，烤 10 分钟至熟，取出烤好的面包即可。

「洋葱培根芝士包」

烤制时间：10 分钟

看视频学烘焙

原料 Material

高筋面粉---500 克
黄油---------- 70 克
奶粉---------- 20 克
细砂糖------100 克
盐---------------5 克
鸡蛋------------1 个
酵母------------8 克
培根片------- 45 克
洋葱粒------- 40 克
芝士粒------- 30 克
水---------200 毫升

工具 Tool

刮板，搅拌器，擀面杖，面包纸杯，烤箱，玻璃碗，保鲜膜

做法 Make

1. 将细砂糖、水倒入碗中，搅拌至细砂糖溶化，待用。
2. 把高筋面粉、酵母、奶粉倒在案台上，用刮板开窝，倒入糖水，将材料混合均匀，并按压成形。
3. 加入鸡蛋，揉成面团，稍微拉平，倒入黄油、盐，揉成光滑的面团，用保鲜膜包好，静置 10 分钟。
4. 取适量面团，用擀面杖擀平，制成面饼。
5. 铺上芝士粒、洋葱粒，放入培根片，卷至成橄榄状生坯。
6. 将生坯切成三等份，放入备好的面包纸杯中，常温发酵 2 小时至微微膨胀。
7. 烤盘中放入发酵好的生坯，放入预热好的烤箱。
8. 将烤箱的温度调至上火 190℃、下火 190℃，烤 10 分钟至熟，取出烤好的面包即可。

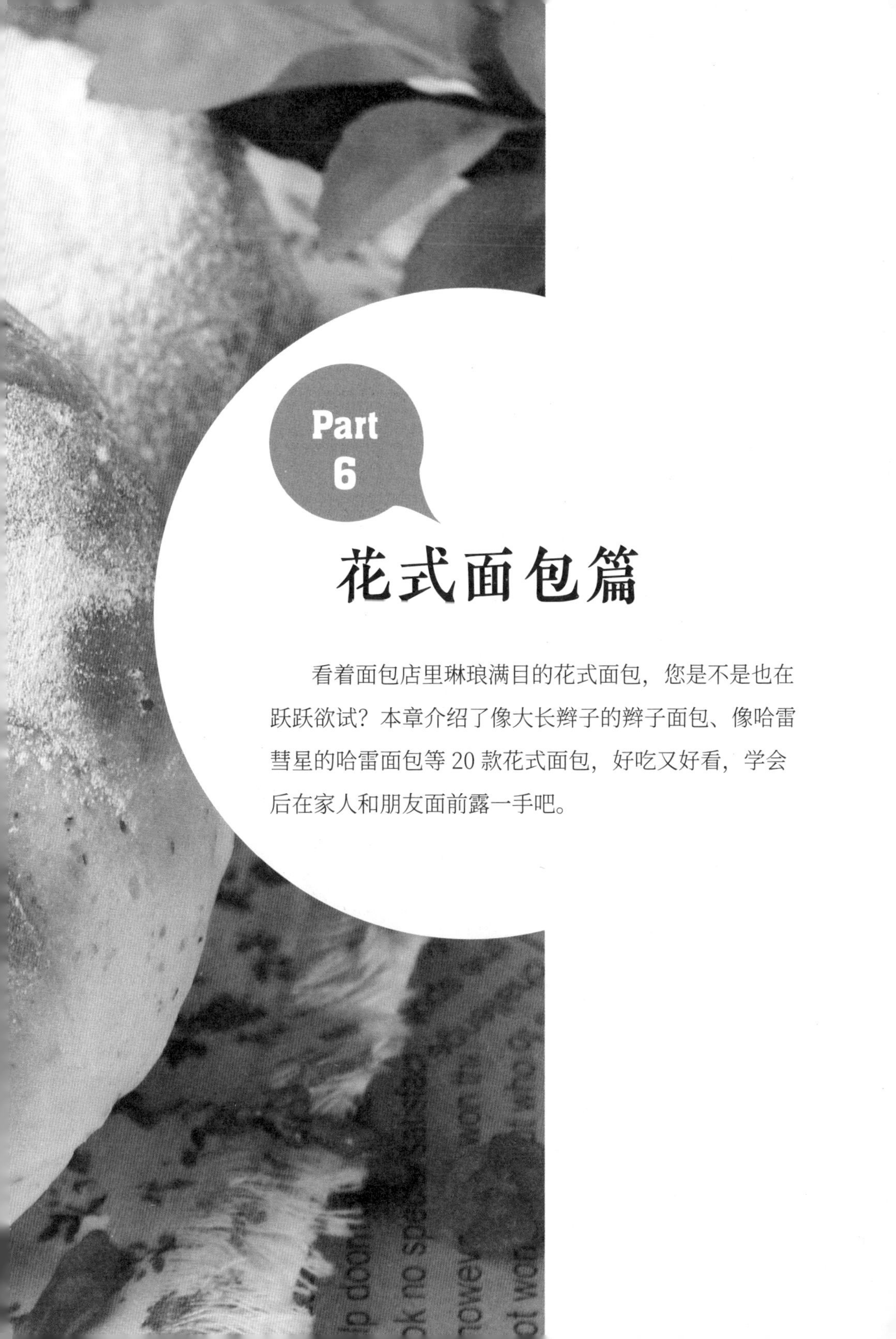

Part 6

花式面包篇

看着面包店里琳琅满目的花式面包，您是不是也在跃跃欲试？本章介绍了像大长辫子的辫子面包、像哈雷彗星的哈雷面包等 20 款花式面包，好吃又好看，学会后在家人和朋友面前露一手吧。

看视频学烘焙

「辫子面包」

烤制时间：15 分钟

原料 Material

高筋面粉---500 克
黄油---------- 70 克
奶粉---------- 20 克
细砂糖------100 克
盐---------------5 克
鸡蛋---------- 50 克
水---------200 毫升
酵母------------8 克
杏仁片-------- 适量

工具 Tool

玻璃碗，刮板，搅拌器，保鲜膜，擀面杖，小刀，烤箱，电子秤

做法 Make

1. 将细砂糖、水倒入玻璃碗中，用搅拌器搅拌至细砂糖溶化，待用。
2. 把高筋面粉、酵母、奶粉倒在案台上，用刮板开窝。
3. 倒入糖水，将材料混合均匀，并按压成形。
4. 加入鸡蛋，将材料混合均匀，揉搓成面团。
5. 将面团稍微拉平，倒入黄油，揉搓均匀。
6. 加盐，揉搓成光滑面团，用保鲜膜包好，静置 10 分钟。
7. 将面团分成数个 60 克的小面团。
8. 将小面团揉搓成圆球，按压一下，用擀面杖擀薄。
9. 用小刀在面皮上划两刀，一端不切断，分成均等的三块面皮。
10. 将三块面皮编成辫子，把尾部捏紧，制成生坯。
11. 把面包生坯放入烤盘，发酵 90 分钟，撒入适量杏仁片。
12. 将烤盘放入烤箱，以上、下火均 190°C 烤 15 分钟至熟，取出即可。

「哈雷面包」

烤制时间：15 分钟

看视频学烘焙

原料 Material

面团

高筋面粉---500 克
黄油---------- 70 克
奶粉---------- 20 克
细砂糖------160 克
盐---------------5 克
酵母------------8 克
鸡蛋---------- 50 克
水---------200 毫升

哈雷酱

色拉油---- 50 毫升
细砂糖------- 60 克
鸡蛋---------- 55 克
低筋面粉---- 60 克
吉士粉------- 10 克
巧克力膏----- 适量

工具 Tool

搅拌器，刮板，烤箱，电动搅拌器，裱花袋，剪刀，保鲜膜，牙签，刮板

做法 Make

1. 细砂糖加水搅拌溶化；高筋面粉、酵母、奶粉倒在面板上，用刮板开窝。

2. 倒入糖水，混匀，加入鸡蛋、黄油、盐揉成光滑面团，用保鲜膜包好静置。

3. 将面团分成数个小面团，搓圆，发酵 90 分钟。

4. 将鸡蛋、细砂糖、色拉油用电动搅拌器搅拌均匀。

5. 加低筋面粉、吉士粉搅匀成哈雷酱。

6. 将哈雷酱装入裱花袋，用剪刀端剪一个小口挤在面团上。

7. 方法同上把巧克力膏挤在哈雷酱上，用牙签从面包酱顶端向四周划花纹。

8. 将烤盘放入烤箱，以上、下火 190°C烤 15 分钟至熟，将烤好的面包取出，装盘即可。

「鲜蔬虾仁比萨」

烤制时间：10 分钟

看视频学烘焙

原料 Material

面皮

高筋面粉---200 克
酵母------------3 克
黄油---------- 20 克
水---------- 80 毫升
盐---------------1 克
白糖---------- 10 克
鸡蛋------------1 个

馅料

西蓝花------- 45 克
虾仁、玉米粒、番茄酱、马苏里拉芝士丁-------- 各适量

工具 Tool

刮板，叉子，烤箱，比萨圆盘，擀面杖

做法 Make

1. 高筋面粉倒在面板上，用刮板开窝，加入水、白糖、酵母、盐搅匀。

2. 放入鸡蛋，刮入高筋面粉，倒入黄油混匀，搓揉至纯滑面团。

3. 取一半面团，用擀面杖擀成圆饼状面皮。

4. 将面皮放入比萨圆盘中，稍加修整。

5. 用叉子在面皮上均匀地扎出小孔，将处理好的面皮放置常温下发酵 1 小时。

6. 在发酵好的面皮上铺一层玉米粒，加入西蓝花、虾仁。

7. 挤上番茄酱，撒上马苏里拉芝士丁，制成生坯。

8. 将烤箱温度调至上、下火 200℃，预热烤箱，放入比萨生坯烤 10 分钟至熟。

看视频学烘焙

「咖啡奶香包」

烤制时间：10 分钟

原料 Material

高筋面粉---500 克
黄油---------- 70 克
奶粉---------- 20 克
细砂糖------100 克
盐--------------- 5 克
鸡蛋------------ 1 个
清水------200 毫升
酵母------------ 8 克
咖啡粉--------- 5 克
杏仁片-------- 适量

工具 Tool

玻璃碗，搅拌器，刮板，电子秤，蛋糕纸杯，烤箱

做法 Make

1. 将细砂糖倒入玻璃碗中，加入清水，用搅拌器搅拌均匀，搅拌成糖水待用。
2. 高筋面粉倒在案台上，加入酵母、奶粉，混匀后再开窝。
3. 倒入糖水，刮入混合好的面粉，混合成湿面团，加入鸡蛋，揉搓均匀。
4. 加入黄油，充分混合，加入盐，搓成光滑的鸡蛋面团。
5. 称取 240 克的面团，将咖啡粉加入面团中，揉搓，混合均匀后分切成四等份剂子。
6. 把剂子搓成圆球状，再用刮板将 1 个大剂子分切成 4 个小剂子，把小剂子揉成小圆球，制成生坯。
7. 生坯 4 个一组，装入蛋糕纸杯中。
8. 放入烤盘里，常温 1.5 小时发酵。
9. 生坯发酵好，撒上适量杏仁片，放入预热好的烤箱里。
10. 上、下火为 190℃烤制 10 分钟至熟。
11. 打开箱门，带上手套把烤好的面包取出即可。

1 2 3 4 5 6 7 8 9 10 11

「德式裸麦面包」

烤制时间： 10 分钟

看视频学烘焙

原料 Material

- 高筋面粉---500 克
- 黄油---------- 70 克
- 奶粉---------- 20 克
- 细砂糖------100 克
- 盐--------------5 克
- 鸡蛋-----------1 个
- 水---------200 毫升
- 酵母-----------8 克
- 裸麦粉-------- 适量

工具 Tool

玻璃碗，搅拌器，刮板，筛网，刀片，保鲜膜，烤箱

做法 Make

1. 将细砂糖、水倒入玻璃碗中，用搅拌器搅拌至细砂糖溶化。

2. 高筋面粉、酵母、奶粉混合均匀，用刮板开窝，倒入糖水，刮入混合好的高筋面粉，混合成湿面团。

3. 加入鸡蛋揉匀；加入黄油充分混合，加入盐，揉成光滑的面团，用保鲜膜包裹好，静置 10 分钟。

4. 去掉面团保鲜膜，取适量的面团，倒入裸麦粉，揉匀。

5. 将面团分成均等的两个剂子，揉捏匀，放入烤盘，常温发酵 2 小时。

6. 高筋面粉过筛，均匀地撒在面团上，用刀片在生坯表面划出花瓣样的划痕。

7. 将烤盘放入预热好的烤箱内，上火调为 190 ℃，下火调为 190℃，定时 10 分钟烤制。

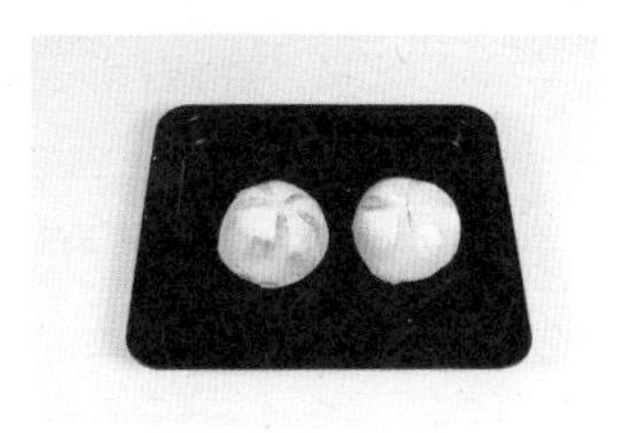

8. 待 10 分钟后，戴上隔热手套将烤盘取出，放凉后装入盘中即可。

看视频学烘焙

「意大利面包棒」

烤制时间：20 分钟

原料 Material

高筋面粉---500 克
黄油---------- 70 克
奶粉---------- 20 克
细砂糖------100 克
盐---------------5 克
鸡蛋------------1 个
水---------200 毫升
酵母------------8 克
橄榄油-------- 适量

工具 Tool

玻璃碗，搅拌器，刮板，保鲜膜，刷子，擀面杖，烤箱

做法 Make

1. 将细砂糖倒入碗中，加水，用搅拌器搅匀，制成糖水。
2. 将高筋面粉、酵母、奶粉用刮板混合均匀，开窝。
3. 倒入糖水，刮入混合好的高筋面粉，混合成湿面团。
4. 加入鸡蛋，揉搓均匀；加入黄油，继续揉搓，充分混合。
5. 加入盐，揉搓成光滑的面团，用保鲜膜包裹好，静置10 分钟。
6. 去掉面团保鲜膜，取一半面团，分切成 4 个等份剂子。
7. 把剂子搓成圆球状，用擀面杖将面团擀成面皮。
8. 卷起，搓成长条状，制成生坯，装入烤盘，发酵至 2 倍大。
9. 生坯发酵好后刷上一层橄榄油。
10. 将烤箱上火调为190℃，下火调为200℃，预热5分钟。
11. 放入发酵好的生坯，关上箱门，烘烤 20 分钟。
12. 戴上手套，将烤好的面包棒取出即可。

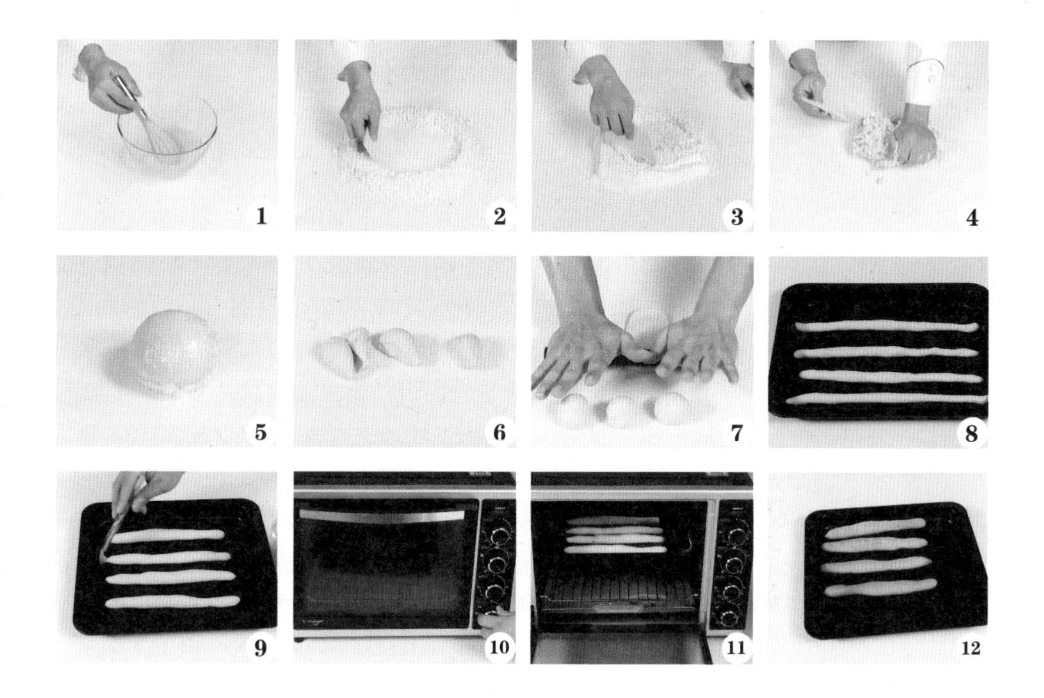

「菠菜培根芝士卷」

烤制时间： 10 分钟

原料 Material

高筋面粉---500 克
黄油---------- 70 克
细砂糖------100 克
盐---------------5 克
鸡蛋------------1 个
酵母------------8 克
培根粒------- 40 克
芝士粒------- 30 克
菠菜汁-------- 适量
水---------200 毫升

工具 Tool

刮板，刷子，烤箱，保鲜膜，搅拌器，擀面杖，面包纸杯

做法 Make

1. 将细砂糖加入 200 毫升水中拌匀，制成糖水，待用。
2. 把高筋面粉、酵母倒在案台上，用刮板开窝，倒入糖水，加入鸡蛋，混合均匀，揉搓成面团。
3. 将面团稍微拉平，倒入黄油，加入盐，揉搓成光滑面团，用保鲜膜包好，静置 10 分钟。
4. 取适量面团，擀平成面饼，刷上菠菜汁，撒上芝士粒、培根粒，卷至成橄榄状生坯。
5. 将生坯切成三等份，放入备好的面包纸杯中，常温发酵 2 小时至微微膨胀。
6. 烤盘中放入发酵好的生坯，再放入预热好的烤箱中，温度调至上火 190 ℃、下火 190℃，烤 10 分钟至熟，取出即可。

「枣饽饽」

烤制时间：10 分钟

原料 Material

高筋面粉---500 克
黄油---------- 70 克
奶粉---------- 20 克
细砂糖------100 克
盐---------------5 克
鸡蛋------------1 个
酵母------------8 克
红枣条-------- 适量
水---------200 毫升

工具 Tool

刮板，搅拌器，保鲜膜，玻璃碗，烤箱

做法 Make

1. 将细砂糖倒入玻璃碗中，加入 200 毫升清水，用搅拌器搅拌均匀，搅拌成糖水待用。

2. 将高筋面粉倒在案台上，加入酵母、奶粉，混匀用刮板开窝，倒入糖水，刮入混合好的高筋面粉，混合成湿面团。

3. 加入鸡蛋、黄油、盐，揉搓成光滑的面团，用保鲜膜把面团包裹好，静置 10 分钟。

4. 去掉面团上的保鲜膜，取适量的面团，分成两个均等的剂子，分别揉成略方的面团。

5. 将面团四边向中间捏起，呈十字隆起的边，在四条面边上插入红枣条，再放入烤盘。

6. 待面团发酵 2 小时后放入烤箱内，将上、下火均调为 190°C，烤制 10 分钟即可。

看视频学烘焙

「凯萨面包」

烤制时间：20 分钟

原料 Material

面团部分

高筋面粉---500 克
黄油---------- 70 克
奶粉---------- 20 克
细砂糖------100 克
盐---------------5 克
鸡蛋------------1 个
水---------200 毫升
酵母------------8 克

装饰部分

白芝麻-------- 适量

工具 Tool

玻璃碗，搅拌器，刮板，保鲜膜，勺子，烤箱

做法 Make

1. 将细砂糖倒入玻璃碗中，加水，用搅拌器搅匀，制成糖水，待用。

2. 将高筋面粉、酵母、奶粉用刮板混合均匀，再用刮板开窝。

3. 倒入糖水，刮入混合好的高筋面粉，混合成湿面团。

4. 加入鸡蛋， 揉搓均匀；加入黄油，继续揉搓，充分混合。

5. 加盐，揉搓成光滑的面团，用保鲜膜包裹好，静置 10 分钟。

6. 去掉面团上的保鲜膜，取一半面团，分切成 2 个等份剂子。

7. 将剂子搓成球状，用勺子压出花纹，粘上白芝麻，制成生坯。

8. 将生坯装入烤盘，待发酵至 2 倍大。

9. 将烤箱调为上火 1 9 0 ℃ 、下火 200℃，预热 5 分钟。

10. 打开箱门，放入发酵好的生坯。

11. 关上箱门，烘烤 20 分钟至熟。

12. 戴上手套， 打开箱门，将烤好的面包取出即可。

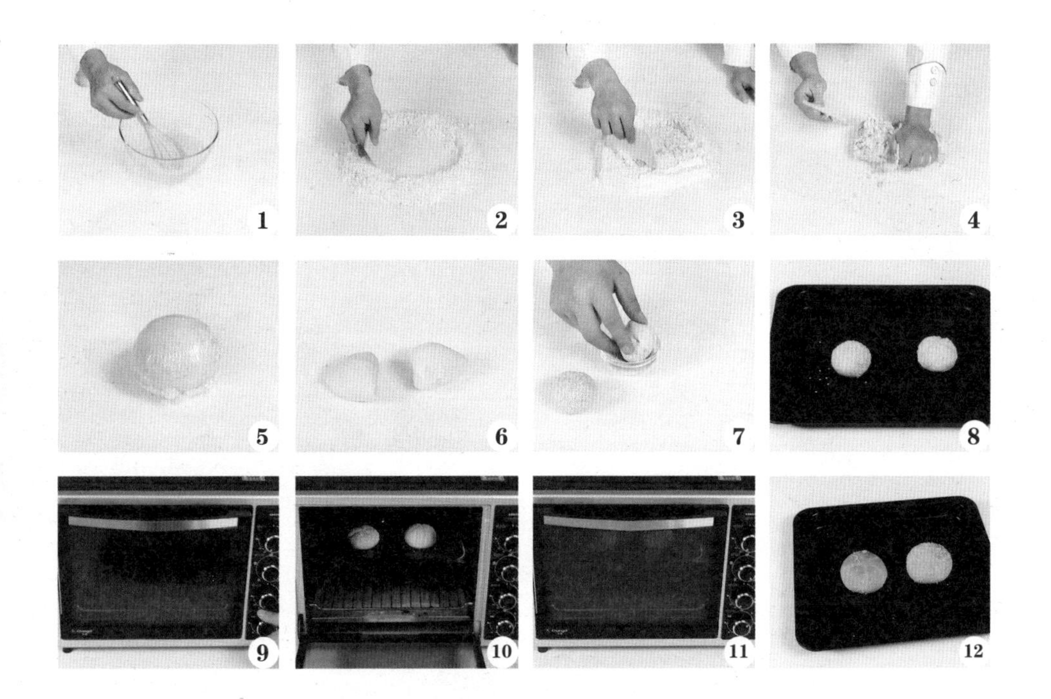

「火腿鲜菇比萨」

烤制时间： 10 分钟

看视频学烘焙

原料 Material

高筋面粉---200 克
酵母------------3 克
黄油---------- 20 克
水---------- 80 毫升
盐---------------1 克
白糖---------- 10 克
鸡蛋------------1 个
马苏里拉芝士适量
洋葱丝-------- 适量
玉米粒-------- 适量
香菇片-------- 适量
青椒粒-------- 适量
火腿粒-------- 适量
番茄片-------- 适量

工具 Tool

刮板，叉子，烤箱，比萨圆盘，擀面杖

做法 Make

1. 高筋面粉倒在面板上，用刮板开窝，加入水、白糖、酵母、盐搅匀。

2. 放入鸡蛋搅散，刮入高筋面粉、加入黄油混匀。

3. 将所有材料搅匀，搓揉至纯滑面团。

4. 取一半面团，用擀面杖擀成圆饼状。

5. 将面皮放入比萨圆盘中，稍加修整。

6. 用叉子在面皮上扎出小孔，常温下发酵1小时。

7. 面皮上撒入玉米粒、火腿粒、香菇片、洋葱丝、青椒粒、番茄片，撒上马苏里拉芝士，生坯制成。

8. 将烤箱温度调至上、下火200℃，预热烤箱，再放入比萨生坯烤10分钟至熟即可。

看视频学烘焙

「核桃面包」

烤制时间： 15 分钟

原料 Material

高筋面粉---500 克
黄油---------- 70 克
奶粉---------- 20 克
细砂糖------100 克
盐---------------5 克
鸡蛋------------1 个
水---------200 毫升
酵母------------8 克
核桃仁-------- 适量

工具 Tool

搅拌器，刮板，剪刀，擀面杖，烤箱，玻璃碗，保鲜膜，电子秤

做法 Make

1. 将细砂糖、水倒入碗中，搅拌至细砂糖溶化，待用。
2. 把高筋面粉、酵母、奶粉倒在案台上，用刮板开窝。
3. 倒入备好的糖水，将材料混合均匀。
4. 加入鸡蛋，将材料混合均匀，揉搓成面团。
5. 将面团稍微拉平，倒入黄油，揉搓均匀。
6. 加入盐，揉搓成光滑的面团，用保鲜膜将面团包好，静置 10 分钟。
7. 将面团分成数个 60 克的小面团，揉搓成圆形。
8. 将小面团用手压平，再用擀面杖擀薄。
9. 用剪刀在面皮上剪出 5 个小口，呈花形。
10. 将花形面团放入烤盘中，自然发酵 90 分钟。
11. 在发酵好的花形面团上，放入核桃仁。
12. 将烤盘放入烤箱，以上、下火 190℃烤 15 分钟，即可。

「心心相印包」

烤制时间：10 分钟

看视频学烘焙

原料 Material

高筋面粉---500 克
黄油---------- 70 克
奶粉---------- 20 克
细砂糖------100 克
盐--------------5 克
鸡蛋------------1 个
酵母------------8 克
可可粉---------5 克
水---------200 毫升

工具 Tool

搅拌器，刮板，擀面杖，小刀，烤箱，玻璃碗，电子秤

做法 Make

1. 碗中放入细砂糖、清水，用搅拌器搅匀成糖水待用。

2. 将高筋面粉、酵母、奶粉倒在案台上，用刮板混匀开窝，加糖水、鸡蛋、黄油、盐，揉成面团。

3. 秤取 240 克面团，分成 2 等份，搓成球状，将可可粉加入其中一个，制成可可面团。

4. 可可面团分切成 4 个较大的剂子，将白色面团分切成 4 个较小的剂子，将大的可可粉面团擀成面皮，中间放上白色面团包裹好。

5. 将面团擀成面皮，纵向对折一次，再横向对折一次，形成扇形的生坯，从任一边，将生坯切成顶端相连的两瓣。

6. 两瓣生坯切面朝上，同时向上扭转，整理成心形，放入烤盘里发酵 1.5 小时，再放入烤箱中，以上、下火 190℃ 烘烤 10 分钟，取出装盘即可。

「史多伦面包」

烤制时间： 15 分钟

看视频学烘焙

原料 Material

牛奶------- 80 毫升
酵母------------ 4 克
高筋面粉---200 克
黄油---------- 40 克
细砂糖------- 40 克
葡萄干------- 30 克
蔓越莓干---- 20 克
柠檬皮--------- 2 克
杏仁片------- 20 克
糖粉----------- 适量

工具 Tool

玻璃碗，刮板，面粉筛，烤箱，电子秤

做法 Make

1. 在烤箱下层放入装好水的烤盘，预热烤箱。把高筋面粉、细砂糖、酵母倒入玻璃碗中，充分搅拌均匀。

2. 加入牛奶、黄油、柠檬皮搅拌；再加入杏仁片、蔓越莓干、葡萄干继续搅拌，制成面团。

3. 用刮板把面团分割成每份 50 克的小份，用电子秤称量好后把两份撮合在一起整形后放进烤盘。

4. 把烤盘放进烤箱中层发酵约 30 分钟，接着以上火 190℃、下火 170℃的温度烘烤约 15 分钟。

5. 取出烤好的面包，在烤好的面包表面筛上一层糖粉装盘即可。

看视频学烘焙

「巧克力果干面包」

烤制时间：10 分钟

原料 Material

高筋面粉---500 克
黄油---------- 70 克
奶粉---------- 20 克
细砂糖------100 克
盐---------------5 克
鸡蛋------------1 个
水-------- 200 毫升
酵母------------8 克
提子干------- 20 克
可可粉------- 12 克
巧克力豆---- 25 克

工具 Tool

搅拌器，刮板，擀面杖，电子秤，烤箱，玻璃碗

做法 Make

1. 将细砂糖倒入玻璃碗中，加入清水。

2. 用搅拌器搅拌均匀，搅拌成糖水待用。

3. 将高筋面粉倒在案台上，加入酵母、奶粉，用刮板混合均匀，再开窝。

4. 倒入糖水，刮入混合好的高筋面粉，和成湿面团。

5. 加入鸡蛋，揉搓均匀，加入准备好的黄油，充分混合均匀，加入盐，搓成光滑的面团。

6. 秤取约 240 克面团，加入可可粉揉搓匀，加入巧克力豆，揉搓均匀。

7. 加入提子干混合均匀。把面团分切成 4 等份剂子。

8. 把剂子揉成小球状，用擀面杖把面团擀成面皮。

9. 把面皮卷成橄榄状，制成面包生坯。

10. 将面包生坯装在烤盘里，常温发酵 1.5 小时。

11. 把发酵好的生坯放入预热好的烤箱里。

12. 以上、下火 190 ℃，烤约 10 分钟至熟，取出即可。

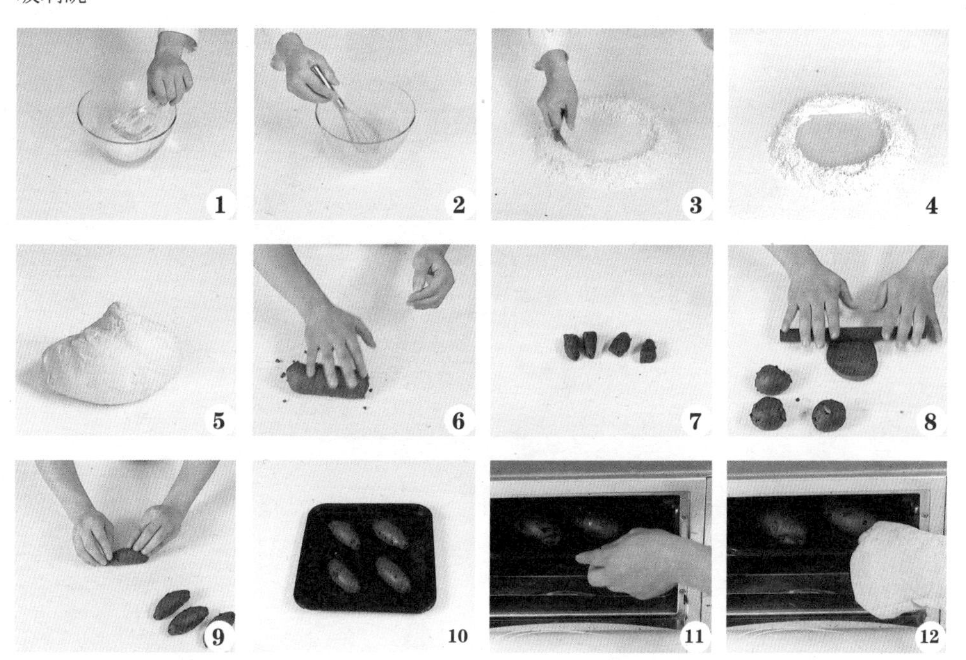

「香葱芝士面包」

烤制时间：10 分钟

看视频学烘焙

原料 Material

面团部分

高筋面粉---500 克
黄油---------- 70 克
奶粉---------- 20 克
细砂糖------100 克
盐--------------5 克
鸡蛋-----------1 个
水---------200 毫升
酵母-----------8 克

馅料部分

芝士粒、葱花、蛋液---------- 各适量

工具 Tool

玻璃碗、保鲜膜，面包纸杯，烤箱，刷子，刮板

做法 Make

1. 细砂糖加水溶化成糖水；高筋面粉、酵母、奶粉混匀，开窝，倒入糖水，按成形。

2. 加入鸡蛋混匀，揉搓成面团。

3. 倒入黄油，揉匀，加入盐，揉搓成光滑的面团。

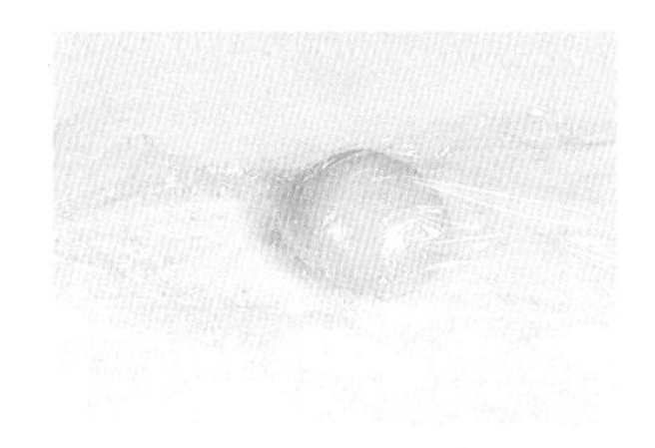

4. 用保鲜膜包好，静置10分钟。

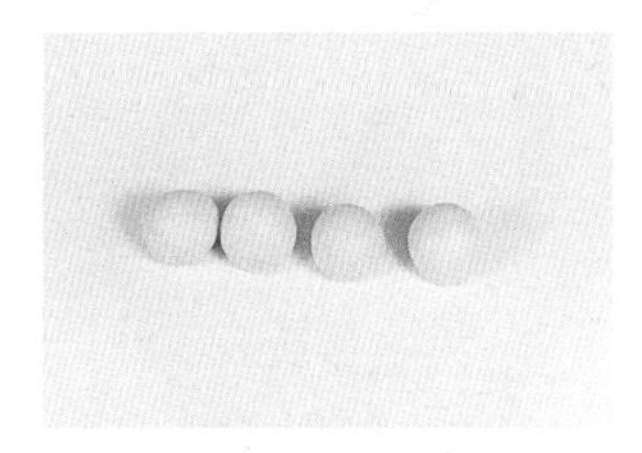

5. 取适量面团，分成4个小剂子，然后将剂子搓成小球状生坯。

6. 将生坯放入面包纸杯中，再放入烤盘里，常温发酵2小时。在发酵好的生坯表面刷上蛋液。

7. 放上芝士粒，再撒上葱花。

8. 将烤盘放入烤箱，以上、下火190℃烤10分钟，即可。

看视频学烘焙

「手撕包」

烤制时间：15 分钟

原料 Material

高筋面粉---170 克
低筋面粉---- 30 克
细砂糖------- 50 克
黄油---------- 20 克
奶粉---------- 12 克
盐---------------3 克
酵母------------5 克
水---------- 88 毫升
鸡蛋---------- 40 克
片状酥油---- 70 克
蜂蜜----------- 适量

工具 Tool

刮板，擀面杖，刀子，刷子，烤箱，冰箱

做法 Make

1. 将低筋面粉、高筋面粉拌匀，加奶粉、酵母、盐，拌匀。
2. 将材料倒在案台上，用刮板开窝，加水、细砂糖，拌匀。
3. 放入鸡蛋，搅拌均匀，揉搓成面团。
4. 加入黄油，与面团混合均匀，揉搓成纯滑的面团。
5. 将片状酥油放在油纸上，对折，用擀面杖擀成薄片。
6. 将面团擀成面皮，再将面皮整理成长方形。
7. 在面皮的一侧放上酥油片，将另一侧的面皮盖上酥油片，把面皮擀平，再对折两次。
8. 放入冰箱，冷藏 10 分钟，取出冷藏好的面皮，擀平。
9. 对折两次，放入冰箱，冷藏 10 分钟，取出冷藏好的面皮，再次擀平，继续对折两次，即成面团。
10. 将面皮擀平，切出 4 份宽约 1.5 厘米的长形面皮。
11. 把面皮的两端向中间卷，放平，手轻压面团成形，放入烤盘，发酵 90 分钟后以上、下火 200°C烤 15 分钟。
12. 取出面包，刷上适量蜂蜜，装入容器中即可。

「红酒桂圆欧包」

烤制时间：15 分钟

看视频学烘焙

原料 Material

高筋面粉---750 克
酵母------------6 克
蜂蜜------- 12 毫升
牛奶------120 毫升
酸奶---------120 克
红酒------260 毫升
桂圆干------- 90 克
蔓越莓干---100 克
黄油---------- 35 克
盐---------------3 克
细砂糖------- 35 克

工具 Tool

面包机，烤箱，印花纸，面粉筛，电子秤

做法 Make

1. 备好的面包机中放入高筋面粉、红酒、牛奶、酸奶、蜂蜜、酵母、细砂糖、盐、黄油，搅拌均匀。

2. 加入桂圆干和蔓越莓干，搅拌均匀成面团。

3. 把发酵好的面团分成每个 150 克的小份，搓成小球放在烤盘上，放入烤箱醒发约 40 分钟。

4. 将醒发好的面团取出，在面团上放入印花纸，再用面粉筛筛入面粉。

5. 把做好的面团放进预热好的烤箱中，上火 190℃、下火 170℃，烘烤约 15 分钟，至面包表面金黄即可出炉。

「芝欣芒果」

烤制时间： 15 分钟

看视频学烘焙

原料 Material

高筋面粉---500 克
酵母粉---------5 克
鸡蛋液---- 25 毫升
牛奶------275 毫升
芒果果泥---- 40 克
芒果干------- 50 克
黄油---------- 30 克
细砂糖------- 30 克
盐---------------5 克
改良剂---------5 克

工具 Tool

面包机，烤箱，擀面杖，刮板，电子秤，刷子

做法 Make

1. 将高筋面粉、鸡蛋液、细砂糖、黄油、牛奶、盐、酵母粉、改良剂、芒果果泥放入面包机，按下启动键进行和面。再加入芒果干，继续搅拌成面团。

2. 将和好的面团放在砧板上，用刮板切分成 150 克 / 个的小面团，用手揉圆。

3. 把面团用擀面杖擀成面饼，卷起来整成牛角形，放入烤盘中，再放入烤箱中发酵 40 分钟。

4. 取出面团用刷子刷上一层蛋液，放入烤箱，上火 170℃，下火 160℃，烤制 15 分钟。

5. 将烤好的面包取出装盘即可。

「巧克力面包」

烤制时间： 15 分钟

原料 Material

高筋面粉---200 克
可可粉------- 15 克
黄油---------- 25 克
巧克力豆---- 15 克
细砂糖------- 25 克
水---------110 毫升
盐---------------2 克
酵母------------4 克

工具 Tool

玻璃碗，刮板，烤箱，
电子秤

做法 Make

1. 把高筋面粉、细砂糖倒入玻璃碗中，用手搅拌均匀。

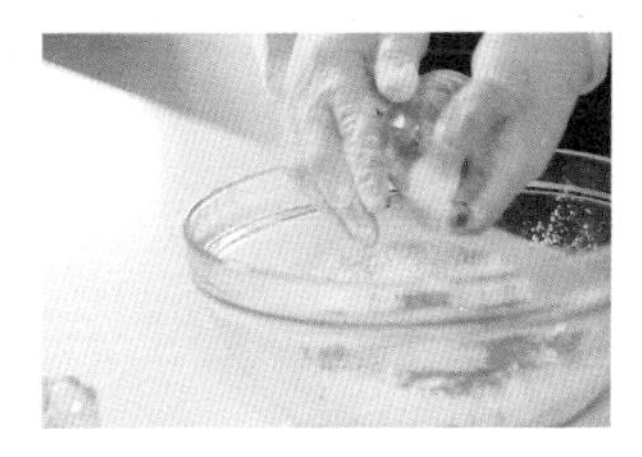

2. 接着加入可可粉、酵母、盐，继续拌匀。

3. 分两次加入水充分搅拌均。

4. 加入黄油，继续拌匀成面团。

5. 将面包整形后加入巧克力豆揉搓均匀。

6. 用刮板把面团分割成每份 70 克的小份，搓圆后放进烤盘中。

7. 将烤箱预热至 30℃，放入面团发酵 30 分钟，再以上火 190℃、下火 170℃的温度烘烤约 15 分钟。

8. 取出烤好的面包装盘即可食用。

看视频学烘焙

「天然酵母蜂蜜面包」

烤制时间： 10 分钟

原料 Material

天然酵母

详见 012 页

主面团

高筋面粉---200 克
细砂糖------- 30 克
黄油---------- 20 克
水---------- 60 毫升
蜂蜜---------- 30 克

工具 Tool

刮板，面包杯，刷子，烤箱

做法 Make

1. 制作天然酵母，详见 012 页。
2. 把 200 克高筋面粉倒在案台上，用刮板开窝。
3. 倒入 60 毫升水、细砂糖，搅匀，刮入高筋面粉，混合均匀。
4. 加入黄油，继续揉搓均匀，揉搓成光滑的面团。
5. 取适量面团，加入少许天然的酵母，混合均匀。
6. 取一半面团，再分成两份，取其中一份再分切成两个等份的小剂子。
7. 把剂子搓圆，制成生坯，装入面包杯，待发酵至 2 倍大。
8. 把发酵好的生坯装入烤盘。
9. 将烤箱上下火均调为 190℃，预热 5 分钟。
10. 打开箱门，放入发酵好的生坯。
11. 关上箱门，烘烤 10 分钟至熟。
12. 戴上手套，打开箱门，取出面包，刷上一层蜂蜜即可。

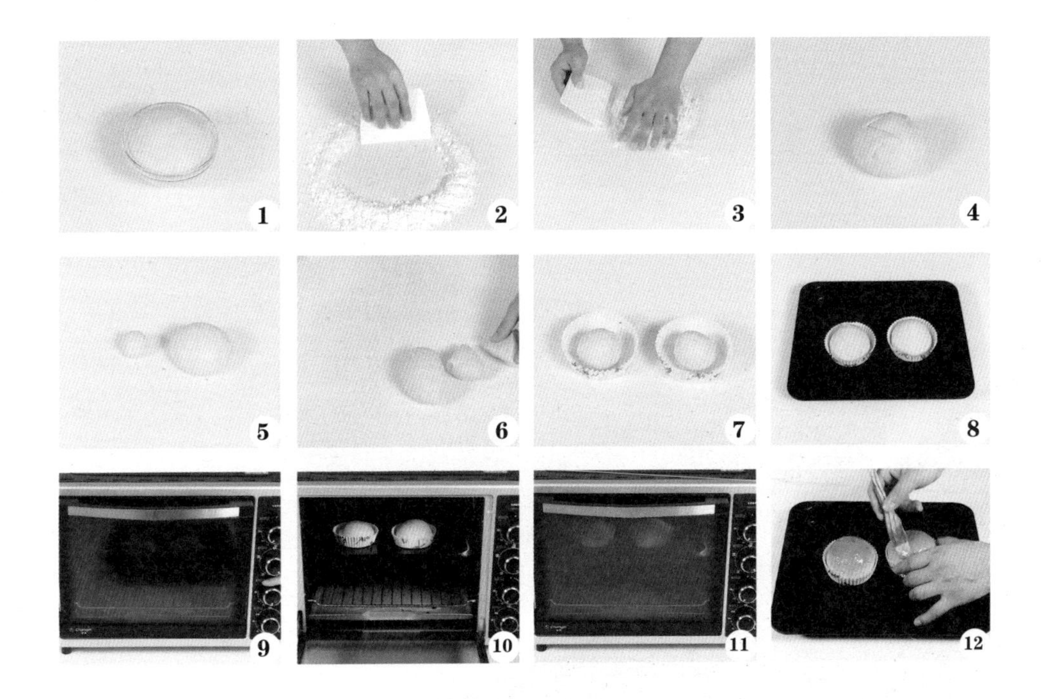

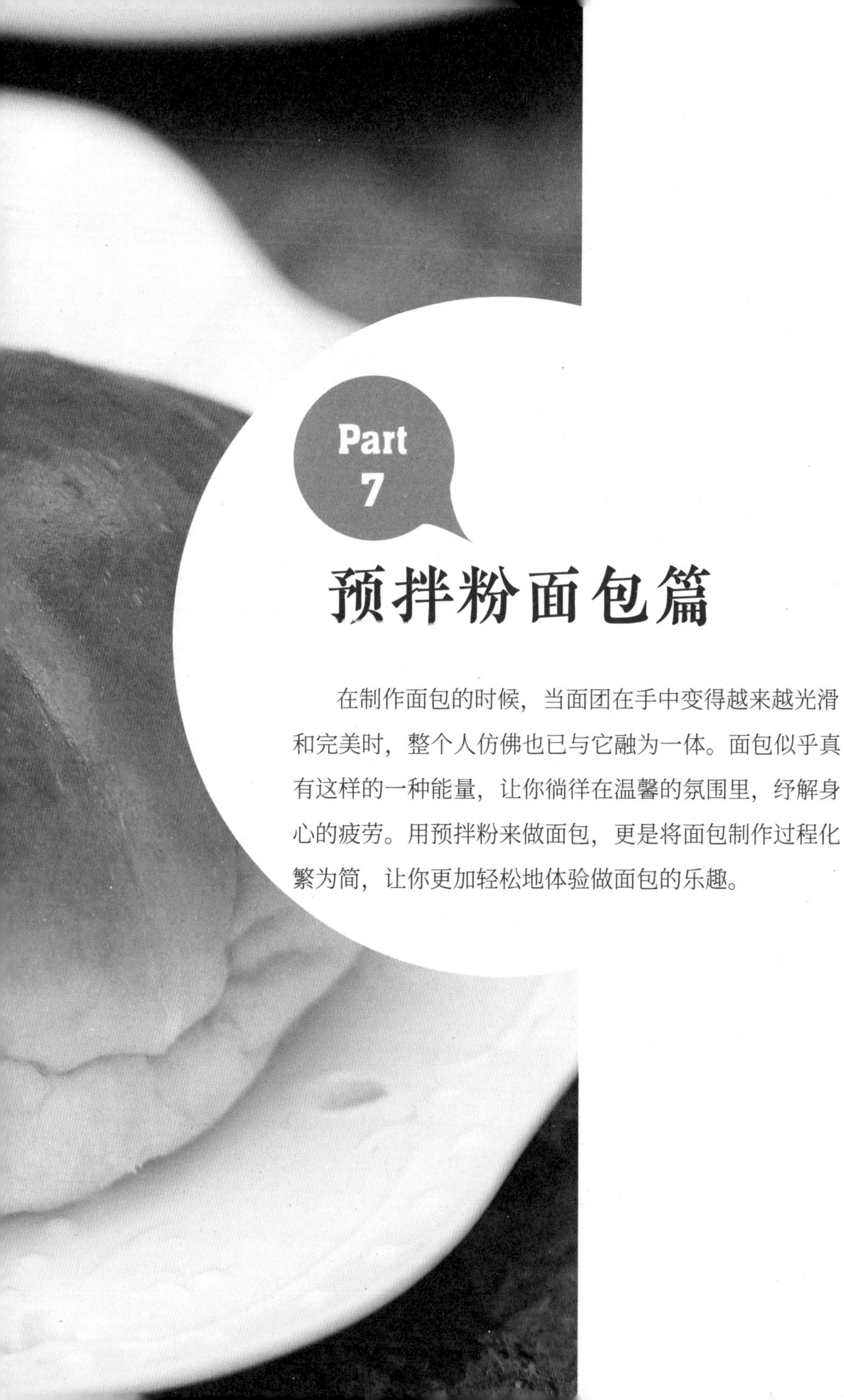

Part 7

预拌粉面包篇

在制作面包的时候，当面团在手中变得越来越光滑和完美时，整个人仿佛也已与它融为一体。面包似乎真有这样的一种能量，让你徜徉在温馨的氛围里，纾解身心的疲劳。用预拌粉来做面包，更是将面包制作过程化繁为简，让你更加轻松地体验做面包的乐趣。

「培根汉堡包」

烤制时间：15 分钟

看视频学烘焙

原料 Material

多功能面包预拌粉---------------250 克
鸡蛋------------1 个
牛奶------100 毫升
黄油---------- 20 克
白砂糖------- 50 克
食盐--------- 2.5 克
酵母粉---------3 克
培根若-------- 干片
西红柿---------1 个
白芝麻、生菜、沙拉酱-------- 各少许

工具 Tool

刀，刮板，烤箱，面包机，砧板，电子秤

做法 Make

1. 将多功能面包预拌粉、鸡蛋、白砂糖、黄油、牛奶、食盐、酵母粉依次放入面包机，将其充分搅拌成具有扩张性的面团后取出，揉好放在砧板上，用刮板把它们分成大约 60 克的小面团。

2. 将小面团逐一揉圆，将面团上沾满白芝麻后放在烤盘上，放入烤箱中发酵 40 分钟至 2 小时。

3. 把发酵好的面团放入预热好的烤箱中，上火 170℃、下火 150℃，烤制 10 ～ 20 分钟，烤完后取出烤盘。

4. 将培根放入烤箱烤制 2 ～ 3 分钟，在烤好的面包一侧用刀切一个口，挤入沙拉酱。

5. 放入少许生菜、西红柿、培根，再挤上少许的沙拉酱即可。

「椰子餐包」

烤制时间：12 分钟

看视频学烘焙

原料 Material

多功能面包预拌粉---------------250 克
鸡蛋------------2 个
牛奶------100 毫升
黄油---------- 20 克
白砂糖------- 50 克
食盐--------- 2.5 克
酵母粉---------3 克
椰丝---------- 50 克

工具 Tool

刮板，刷子，烤箱，面包机，砧板

做法 Make

1. 将多功能面包预拌粉、鸡蛋、白砂糖、黄油、牛奶、食盐、酵母粉放入面包机，按下启动键进行和面。

2. 将和好的面团放在砧板上，用刮板把它们分成若干个小面团，揉圆后放在烤盘上，放入烤箱中发酵 40 分钟至 2 小时。

3. 在发酵好的面团表面用刷子刷上一层蛋液，把椰丝放在上面。

4. 把烤盘放入预热好的烤箱中，以上火 170℃、下火 150℃烤制 12 分钟。

5. 将烤好的面包取出即可。

「豆沙包」

烤制时间：12 分钟

看视频学烘焙

原料 Material

多功能面包预拌粉---------------250 克
鸡蛋------------2 个
牛奶------100 毫升
黄油---------- 20 克
白砂糖------- 50 克
酵母粉---------3 克
豆沙泥------- 80 克
食盐--------- 2.5 克

工具 Tool

刀，刷子，烤箱，面包机，砧板，刮板，擀面杖

做法 Make

1. 面包机中依次放入多功能面包预拌粉、鸡蛋、白砂糖、黄油、牛奶、食盐、酵母粉，按下面包机启动开关，和成面团。

2. 把和好的面团放在砧板上，用刮板分成重约 60 克的小面团，用手揉圆，再取少许豆沙泥包裹在小面团内。

3. 用擀面杖将面团擀成长方形面饼，用刀在表面均匀划几道，再把面饼卷起。

4. 将面饼放入烤箱中发酵 40 分钟至 2 小时。

5. 在发酵好的面团表面用刷子刷一层蛋液，最后放入预热好的烤箱中，上火 170℃、下火 150℃，烤制 12 分钟即可。

「肉松包」

烤制时间：12 分钟

看视频学烘焙

原料 Material

多功能面包预拌粉---------------250 克
鸡蛋------------2 个
牛奶------100 毫升
黄油---------- 20 克
白砂糖------- 50 克
食盐--------- 2.5 克
酵母粉---------3 克
肉松---------- 80 克
沙拉酱-------- 少许

工具 Tool

刀，刷子，烤箱，面包机，砧板，擀面杖

做法 Make

1. 将多功能面包预拌粉、鸡蛋、白砂糖、黄油、牛奶、食盐、酵母粉放入面包机，按下启动键进行和面。
2. 把和好的面团放在砧板上，用刀切分成若干个小面团，揉圆。
3. 把面团用擀面杖擀成面饼，卷起来整成橄榄形，放入烤箱中发酵 40 分钟。
4. 取出发酵好的面团，用刷子刷上一层蛋液，放入预热好的烤箱中，上火 170℃、下火 150℃，烤制 12 分钟。
5. 在烤好的面包上挤上少许沙拉酱，铺上肉松即可食用。

「杂粮面包」

烤制时间： 25 分钟

看视频学烘焙

原料 Material

杂粮面包预拌粉---------------350 克
鸡蛋------------1 个
牛奶------150 毫升
黄油---------- 28 克
面粉----------- 少许

工具 Tool

面包机，烤箱，面粉筛，刮板，砧板

做法 Make

1. 在面包机中加入杂粮面包预拌粉、酵母（附在预拌粉盒中）、鸡蛋、牛奶、黄油。

2. 按下面包机的启动开关，开始揉面；在砧板上撒少许面粉，用刮板把揉好的面团平均分成 2 份，整成橄榄形。

3. 把面团放在烤盘上，再放入烤箱中发酵 40 分钟。

4. 取出发酵好的面团，用面粉筛过筛一些面粉，撒在面团上面。

5. 烤箱预热，放入面团，上、下火均调为 170℃。烘烤 25 分钟，取出烤好的面包，切成厚片即可。

「高纤维面包」

烤制时间：25 分钟

看视频学烘焙

原料 Material

高纤维面包预拌粉---------------350 克
牛奶------150 毫升
鸡蛋------------1 个
黄油---------- 28 克
干酵母---------5 克
面粉----------- 少许

工具 Tool

面包机，烤箱，吐司模具，刮板，砧板，刀，擀面杖

做法 Make

1. 将高纤维面包预拌粉、干酵母、牛奶、鸡蛋、黄油加入面包机中，按下启动键进行和面。

2. 把和好的面团从面包机中取出，放在砧板上，撒少许面粉，再用刮板将面团平均分成 2 份。

3. 用擀面杖把两份面团擀成面饼，用手卷起来，放入吐司模具中，发酵 40 分钟。

4. 把烤箱预热，将模具放入烤箱，上下火 170℃，烤制 25 分钟。

5. 将烤好的面包从烤箱中取出，脱模后用刀切片即可。

「培根小餐包」

烤制时间： 12 分钟

看视频学烘焙

原料 Material

多功能面包预拌粉---------------250 克
牛奶------100 毫升
黄油---------- 20 克
白砂糖------- 50 克
食盐--------- 2.5 克
酵母粉---------3 克
培根---------100 克
鸡蛋------------2 个

工具 Tool

烤箱, 面包机, 刀, 砧板, 刷子, 刮板

做法 Make

1. 将多功能面包预拌粉、鸡蛋、白砂糖、黄油、牛奶、食盐、酵母粉放入面包机，按下启动键进行和面。

2. 将和好的面团放在砧板上，用刮板把它们分成若干个小面团，揉圆后放入烤箱中发酵 40 分钟至 2 小时。

3. 在发酵好的面团表面用刷子刷一层蛋液，放入烤箱，以上火 170℃、下火 120℃烤制 12 分钟后拿出。

4. 将培根铺在烤盘上，烤制 5 分钟后拿出。

5. 用刀在餐包的侧面切一个口，把烤好的培根放进去，将夹好培根的小餐包放入盘中即可食用。

「小餐包」

烤制时间： 12 分钟

看视频学烘焙

原料 Material

多功能面包预拌粉---------------250 克
鸡蛋------------2 个
牛奶------100 毫升
黄油---------- 20 克
白砂糖------- 50 克
食盐--------- 2.5 克
酵母粉---------3 克

工具 Tool

刷子，刮板，面包机，砧板，烤箱，抹刀

做法 Make

1. 将多功能面包预拌粉、鸡蛋、白砂糖、黄油、牛奶、食盐、酵母粉放入面包机中，按下启动键进行和面。

2. 将和好的面团放在砧板上，用刮板分割成若干个小面团，把小面团揉圆。

3. 用抹刀将黄油抹在面团上，并包好揉圆，放在烤盘上，将烤盘放入烤箱中发酵 40 分钟至 2 小时。

4. 在发酵好的面团表面用刷子刷一层蛋液，将刷好的面团放入预热好的烤箱中，以上、下火均调为 160℃烤制 12 分钟。

5. 将烤好的小餐包取出，摆放在盘中即可。

「麦香芝士条」

烤制时间： 12 分钟

看视频学烘焙

原料 Material

多功能面包预拌粉---------------250 克
鸡蛋------------2 个
牛奶------100 毫升
黄油---------- 20 克
白砂糖------- 50 克
食盐--------- 2.5 克
酵母粉---------3 克
芝士---------- 15 克

工具 Tool

刷子，烤箱，面包机，刮板，砧板，擀面杖

做法 Make

1. 将多功能面包预拌粉、鸡蛋、白砂糖、黄油、牛奶、食盐、酵母粉放入面包机，按下启动键，进行和面。

2. 把和好的面团放在砧板上，用刮板切分成若干个小面团揉圆，再用擀面杖擀成面饼。

3. 在面饼上放一层芝士，卷起来，搓成长圆柱，放入烤箱中发酵 40 分钟至 2 小时。

4. 发酵好后取出面团，在其表面用刷子刷一层蛋液，放少许芝士。

5. 放入预热好的烤箱中，上火 170℃，下火 150℃，烤制 12 分钟，将烤好的面包从烤箱中拿出即可。

「提子杏仁包」

看视频学烘焙

原料 Material

多功能面包预拌粉---------------250 克
鸡蛋------------2 个
牛奶------100 毫升
黄油---------- 20 克
白砂糖------- 50 克
食盐--------- 2.5 克
酵母粉---------3 克
提子干-------- 少许
杏仁片-------- 少许

工具 Tool

刷子，烤箱，面包机，刮板，砧板，擀面杖

做法 Make

1. 将多功能面包预拌粉、鸡蛋、白砂糖、黄油、牛奶、食盐、酵母粉放入面包机，按下启动键进行和面。

2. 将和好的面团放在砧板上，用刮板分成若干个小面团，再将小面团平均分成三份，揉圆，用擀面杖擀成两端细长的面饼。

3. 在面饼上铺一层提子干，卷成条，用三个面条编成麻花辫的样子，放入烤箱中发酵 40 分钟至 2 小时。

4. 在发酵好的面团表面用刷子刷上一层蛋液，再铺上少许的杏仁片。

5. 再放入预热好的烤箱中，上火 170℃，下火 150℃，烤制 12 分钟，取出烤好的面包即可食用。

「肠仔包」

烤制时间： 12 分钟

看视频学烘焙

原料 Material

多功能面包预拌粉---------------250 克
鸡蛋------------2 个
牛奶------100 毫升
黄油---------- 20 克
白砂糖------- 50 克
酵母粉---------3 克
香肠----------- 若干
食盐--------- 2.5 克

工具 Tool

烤箱，面包机，刮板，砧板，擀面杖，电子秤，刀，刷子

做法 Make

1. 面包机中依次放入多功能面包预拌粉、鸡蛋、白砂糖、黄油、牛奶、食盐、酵母粉，搅拌成面团后取出放在砧板上。
2. 把面团用刮板分成重约 60 克的小面团后揉圆，用擀面杖擀成一端细长的面饼。
3. 面饼上放一根香肠，卷起来，并用刀在香肠的顶端划一个“十”字。
4. 放入烤箱中发酵 40 分钟至 2 小时。
5. 在发酵好的面团表面用刷子刷一层蛋液，放入预热好的烤箱中，上火 170°C，下火 150°C，烤制 12 分钟即可。

「软欧吐司」

烤制时间： 36 分钟

看视频学烘焙

原料 Material

软欧面包预拌粉---------------350 克
酵母粉---------3 克
牛奶------140 毫升
鸡蛋------------1 个
黄油---------- 28 克

工具 Tool

面包机，烤箱，吐司模具，砧板，擀面杖，刀，刮板

做法 Make

1. 往面包机中依次倒入软欧面包预拌粉、鸡蛋、牛奶，加入酵母粉，再将黄油倒入面包机，按下面包机启动开关，开始和面。

2. 把和好的面团放在砧板上，用刮板平均分成 4 份，分别用擀面杖擀成长形面饼，再卷起来。

3. 把面饼卷平行摆放在吐司模具中，盖上模具盒盖，在室温下发酵 1.5 ～ 2 小时。

4. 将烤箱预热，把发酵好的面饼卷放入烤箱，上、下火均调为 170℃，烤制 36 分钟。

5. 取出烤好的吐司，脱模后用刀切片即可食用。

「肉松吐司」

烤制时间：36 分钟

看视频学烘焙

原料 Material

多功能面包预拌粉---------------250 克
鸡蛋------------1 个
牛奶------100 毫升
黄油---------- 20 克
白砂糖------- 50 克
盐------------ 2.5 克
酵母粉---------3 克
肉松---------- 30 克

工具 Tool

面包机，烤箱，吐司模具，砧板，擀面杖，刷子

做法 Make

1. 面包机中依次放入多功能面包预拌粉、鸡蛋、白砂糖、黄油、牛奶、盐、酵母粉，将其充分搅拌成具有扩张性的面团后取出。

2. 把和好的面放在砧板上，用擀面杖擀成长面饼，在面饼上铺一层肉松，然后卷起来。

3. 把面团放入吐司模具中，盖上盖子，常温下发酵 1.5 ～ 2 小时。

4. 在发酵好的面团表面刷一层鸡蛋液，再铺一层肉松。

5. 预热烤箱，模具不盖盖子放入烤箱，上、下火均调为 170℃，烤制 36 分钟，烤完后取出面包，脱模即可。

「红豆吐司」

烤制时间：36 分钟

看视频学烘焙

原料 Material

多功能面包预拌粉---------------250 克
鸡蛋------------1 个
牛奶------100 毫升
黄油---------- 20 克
白砂糖------- 50 克
盐------------ 2.5 克
酵母粉---------3 克
红豆粒------- 50 克

工具 Tool

面包机，烤箱，吐司模具，砧板，刀，擀面杖

做法 Make

1. 面包机中倒入多功能面包预拌粉，打入鸡蛋，倒入白砂糖、黄油、牛奶、盐、酵母粉。

2. 按下面包机启动开关，开始和面，和好之后将面团放在砧板上，用擀面杖擀成长面饼。

3. 在面饼上铺一层红豆粒，卷起来放入吐司模具中，盖上盖子，常温下发酵 1.5 ～ 2 小时。

4. 盖上模具盖子，放入预热好的烤箱，上、下火均调为170℃，烤制 36 分钟。

5. 将烤好的吐司取出，脱模后用刀切成厚片即可。

「椰丝吐司」

烤制时间：36 分钟

看视频学烘焙

原料 Material

多功能面包预拌粉---------------250 克
鸡蛋------------1 个
牛奶------100 毫升
黄油---------- 20 克
白砂糖------- 50 克
盐------------ 2.5 克
酵母粉---------3 克
椰丝---------- 25 克

工具 Tool

面包机，烤箱，吐司模具，刷子，刀，砧板，擀面杖

做法 Make

1. 面包机中倒入多功能面包预拌粉，打入鸡蛋，倒入白砂糖、黄油、牛奶、盐、酵母粉，按下面包机启动开关，开始和面。

2. 将和好的面团放在砧板上，用擀面杖擀成长面饼，在面饼上铺一层椰丝，然后卷起来。

3. 将椰丝面团放入吐司模具中，盖上模具盖子，常温下发酵 1.5 ～ 2 小时。

4. 面团发酵好后在其表面用刷子刷一层鸡蛋液，用刀在表面斜着划几道。

5. 将模具不盖盖子，放入预热好的烤箱中，以上、下火 170℃烤制 36 分钟，取出烤好的吐司，脱模后切片即可。

「蓝莓吐司」

烤制时间：36 分钟

看视频学烘焙

原料 Material

多功能面包预拌粉
----------------250 克
鸡蛋------------1 个
牛奶------100 毫升
黄油---------- 20 克
白砂糖------- 50 克
盐------------ 2.5 克
酵母粉---------3 克
蓝莓果酱---- 20 克

工具 Tool

面包机，烤箱，吐司模具，砧板，擀面杖，奶油抹刀

做法 Make

1. 在面包机中依次放入多功能面包预拌粉、鸡蛋、白砂糖、黄油、牛奶、盐、酵母粉。

2. 按下开关，将其充分搅拌成具有扩张性的面团后取出。

3. 将面团放在砧板上，用擀面杖擀成长形面饼，再用奶油抹刀涂上一层蓝莓果酱，并将其卷起来。

4. 把面团放入吐司模具中，盖上盖子，常温下发酵 1.5 ~ 2 小时。

5. 模具盖上盖子后放入预热好的烤箱中，上下火 170℃，烤制 36 分钟，吐司烤好后脱模、切片即可。

「红豆小餐包」

烤制时间： 12 分钟

扫一扫做甜点

原料 Material

多功能面包预拌粉---------------250 克
鸡蛋------------2 个
牛奶------100 毫升
黄油---------- 20 克
白砂糖------- 50 克
食盐--------- 2.5 克
酵母粉---------3 克
红豆粒------- 50 克

工具 Tool

刷子，烤箱，面包机，砧板

做法 Make

1. 在面包机中依次放入多功能面包预拌粉、鸡蛋、白砂糖、黄油、牛奶、食盐、酵母粉，搅拌成面团。
2. 将搅好的面团放在砧板上，把它们分成大约 60 克的小面团，再把每个面团平均分成两份揉圆，放在烤盘上。
3. 放入烤箱中发酵 40 分钟至 2 小时。
4. 在发酵好的面团上面用刷子刷一层蛋液，把红豆粒放在上面，最后放入烤箱，烤制 12 分钟即可。